化焦虑为觉悟

[日]秋山乔贤司——著

王黛——译

内 心 锻 炼 术

华龄出版社

HUALING PRESS

图书在版编目（CIP）数据

化焦虑为觉悟：内心锻炼术 / （日）秋山乔贤司著；
王黛译 . -- 北京：华龄出版社，2023.7
　　ISBN 978-7-5169-2568-3

　　Ⅰ . ①化… Ⅱ . ①秋… ②王… Ⅲ . ①焦虑－心理调
节－通俗读物 Ⅳ . ① B842.6-49

中国国家版本馆 CIP 数据核字（2023）第 113009 号

不安が覚悟に変わる 心を鍛える技術
FUAN GA KAKUGO NI KAWARU KOKORO WO KITAERU GIJYUTSU
Copyright © 2021 by KENJI JOE AKIYAMA
Original Japanese edition published by Discover 21, Inc., Tokyo, Japan
Simplified Chinese edition published by arrangement with Discover 21, Inc.
through Chengdu Teenyo Culture Communication Co.,Ltd.

选题策划	墨染九州	责任印制	李末圻
责任编辑	郑 雍	装帧设计	末末美书

书　　名	化焦虑为觉悟：内心锻炼术	作　者	（日）秋山乔贤司
出　　版	华龄出版社 HUALING PRESS	译　者	王　黛
发　　行			
社　　址	北京市东城区安定门外大街甲 57 号	邮　编	100011
发　　行	（010）58122255	传　真	（010）84049572
承　　印	天津睿和印艺科技有限公司		
版　　次	2023 年 7 月第 1 版	印　次	2023 年 7 月第 1 次印刷
规　　格	880mm×1230mm	开　本	1/32
印　　张	6.25	字　数	102 千字
书　　号	ISBN 978-7-5169-2568-3		
定　　价	49.80 元		

前言

跳出"标准答案的陷阱"

感谢你万里挑一，拿起此书。

"有一瞬间，我觉得自己快被焦虑吞噬了"

"我总是很在意别人的眼光，无法表达自己的真实想法，一直在迁就别人"

"烦恼和疑惑填满了我的大脑，让我头昏脑涨，郁郁寡欢"

"有时，我会无缘无故觉得活着好累，感到心力交瘁"

"我想按自己的想法活着"

或许，你正被这些问题困扰着。

没关系，不要紧。

你的问题很快就会得到解决。

本书创作的初衷，就是解除你的困惑，消除你的烦恼。

当今社会变动剧烈，单是为了跟上时代潮流，就足以让我们筋疲力尽。

更有甚者，新事物层出不穷，昨天的常识规则和是非对错明天将不复存在。

时代走上了发展的快车道。预测未来，难上加难。

前方的道路模糊不清，焦虑纵向叠加，横向蔓延。最终，整个社会都弥漫着一股焦虑的情绪。

"标准答案的束缚"让你疲惫不堪

其实，多数人的焦虑并非源于前路未知，而是因为社会要求他们在日新月异的时代中寻找标准答案。

从小到大，我们接受过的教育都强调："凡事都有标准答案"。当我们在社交媒体上看到别人的人生一帆风顺时，内心就陷入怀疑：为什么我找不到标准答案？

这种自我怀疑，我感同身受。

我在过去的很长一段时间里，也一直在苦苦寻求标准答案。

年轻时，我不知道自己真正热爱的事情是什么。每当看到有人沉浸在一件事情中忘乎所以时，我便由衷地羡慕。

于是，我抱着"只要找到发自内心热爱的事情，就可以拥有美好人生"的想法，走上了自我探索的旅程。然而，我没有得到自己想要的结果。

随后，我开始试着寻找自己存在的意义。

"我该为了什么而活？"

"我的出生有什么意义？"

我心想，只要找到人生意义，就可以充分燃烧自己的生命。

我不顾一切寻找人生的意义。可到最后，却什么都没有找到。

我甚至想过，有朝一日神仙会托梦告诉我应该怎么做。自然，我未曾在梦里遇到过神仙。

此时的你是否像曾经的我，在苦苦寻找着标准答案？

内心锻炼术
即刻开始，效果非凡

我花了二十年寻找标准答案，期间未曾拿出过百分之百的热情。不过，我学习了行为心理学，掌握了消费者购买模式（市场营销），观察过海洋生物和陆地生物的生态，探索过人体（解剖生理学），了解了人的运作机制，运用所思所悟所得指导了自己的生活。

如今，我找到了一个答案。

这个答案即为本书的核心——"化焦虑为觉悟的内心锻炼术"。

现在，我作为高管教练，每年开展超过五百次的培训，内容都是基于这套锻炼术。我的客户主要是各大公司的高管和各个行业的精英，如规模上亿美元的企业老板、退役运动员等。除了一对一的指导，我还举办讲座，开设课程，帮助更多的人走上愉快的人生旅程。

我把迄今为止讲座和课程中的训练内容进行了整合提炼，写成此书。此书是一部焦虑应对指南，包含高效的训练方法，内容力求简单细致，容易理解，方便实践。

随着阅读的深入，你不仅可以认识到痛苦的真面目和形成原因，而且能找到行之有效的解决方法。

本书最大的特点是采用了"自我对话（self coaching）"的训练方式。不同于寻常的自我对话，本书的对话需要"理想的自己"参与。

"理想的自己"是你的人生导师，能够帮你找到"真正的自己"。

全书脉络清晰，以便读者快速熟悉训练方法，实现深度的"自我对话"。

你或许对"真正的自己"心存疑虑，怀疑这个方法是否可行。

不要担心。我从始至终都会陪伴着你，一步步带你找到真正的自己。

什么是效果非凡、易于实践的内心锻炼术？

下面，请允许我简单介绍一下本书的主要内容。

第 1 章揭示用科学方式摆脱焦虑和压力的窍门，回答何为焦虑，焦虑的形成有何科学依据。

第 2 章阐明人活得不真实的五个原因，对"虚假自体"的五种存在方式进行说明。

第 2 章开头有一个小问卷，测试你是否按照自己的真实意愿活着。感兴趣的读者可以直接翻到第 2 章填写。

第 3 章围绕如何摆脱"虚假自体"展开，详细介绍"虚假自体"的五种心理状态，包括嫉妒、自卑感、优柔寡断、拖延和怕生，并逐一提供高效的改善方法。

第 4 章讲述"锻炼内心，夺回人生主导权"的方法，包括对自己"讲故事"，做人生的主角；把握好两条"绝对原则"，成为"利用"自己的天才等。通过上述方式，提升自我肯定感。

第 5 章阐述本书的核心训练方法——化焦虑为觉悟的内心锻炼术·四步法。所谓内心锻炼术，即上文提到的将"理想的自己"视为人生导师，进行自我对话。自我对话的每一步都附上了详细说明，方便读者一边阅读一边实践，唤醒心底沉睡已久的自尊。

锻炼内心，获得光明的未来

我是一名"高管教练"。我运用自己独创的方法——"核心思维训练法"，对许多经营者和商业人士开展指导培训。由于客户为商界精英，价格相对较高，内容也有一定难度，因此多数人都认真参与，取得了显著的成果。

下面，我想与你分享几位客户的反馈。希望通过这种方式，可以打消你的疑虑，帮助你更好地理解本书所传递的内容。

过去很长一段时间，我一直不被周围的人信任。有一天，我遇到了秋山先生，于是下定决心，报名参加培训课程。

通过这次培训，我明确了自己的价值观，找到了人生目标，即我的使命。有了人生使命，我变得更加坚定，在自己的选择和梦想面前我不再犹豫。

这两年，公司业绩创下历史新高。不仅如此，我们只用了两年时间，就实现了原定十年完成的计划。为了更好地迎接未来的风险挑战，我们完善了公司的继承体制，成立了控股公司。

（50~60 岁 某建筑公司经营者）

就业绩而言，公司今年的营业额增长率居西日本第一。

我很久以前就听乔老师的播客。老师独特的视角和训练方式引起了我的兴趣。后来，由于对现状的不满，加上好奇心的驱使，我报名了课程。

通过学习，我开阔了视野，学会了更多解决问题的方法。我最大的收获，就是不再被周围的环境和自己的情绪左右。即便内心出现动摇，我也可以找回往日的平静。

（30~40 岁 大型外资企业管理人员）

晋升到管理职位以来，我一直在追求自己的领导风范和管理风格，摸索高效的用人方式。一年半后的某一天，我遇到了老师。

我感觉自己最大的变化，就是内在出现了一个"核心"。这个核心帮助我抵御外界影响，让我得以平静地生活。

现在，我基本不会被情绪支配。

此外，令我感到惊喜的是，我的价值观以往只隐藏在潜意识当中，如今却变得清晰可见。

（40~50 岁 某东证一部上市公司研究开发部门管理人员）

为什么这些人能得到如此巨大的改变？

自然是因为他们明白了人的运作机制，锻炼了内心。

锻炼内心。

锻炼内心不是唯心主义，也不是玄学。

锻炼内心是一套符合人类心理机制且有现实依据的训练方法。

锻炼内心，不是为了一口气改变整个生活。你可以从不起眼的小事开始，试着去改变自己。

你所做的每一点努力，在经过数月乃至数年的积累，定会让你的人生上升到新的高度。

改变生活，从现在开始。

秋山乔贤司

目 录

以科学的方式对抗"焦虑"和"压力"

寻找焦虑的源头对缓解焦虑无济于事 ———— 2

焦虑是大脑胡思乱想引起的生理反应 ———— 4

消灭焦虑的第一步：认识未知和已知 ———— 9

时代发展驶入快车道，我们应具备怎样的心理素质 ———— 11

过去，日本人通往幸福的道路一目了然 ———— 14

时代没有标准答案，常识由你定义 ———— 16

正确认识人脑机制，化焦虑为动力 ———— 18

什么人容易陷入"自我探索"的陷阱 ———— 21

寻找人生目的，必须遵守两条原则 ———— 24

"虚假自体"让人无法按自己的意愿生活

测试一下你是否活出了真正的自己 ———— 28

我们在潜意识中欺骗自己 —————————————— 30

"虚假自体"的五种类型 ————————————————— 33

　● 虚假类型 1 "渴望受人尊敬" ———————————— 34

　● 虚假类型 2 "证明自己优秀" ———————————— 37

　● 虚假类型 3 "被害者" ——————————————— 39

　● 虚假类型 4 "显示优越感" ————————————— 40

　● 虚假类型 5 "假装兴奋" —————————————— 42

多数人被 "虚假自体" 欺骗的真正原因 ————————— 44

充分利用人的运作机制 —————————————————— 49

第 **3** 章　　**脱离 "虚假自体"**

心理机制助力成长 ———————————————————— 54

攻克 "嫉妒" ——————————————————————— 56

　● 人为什么总是嫉妒别人 ————————————— 56

　● "嫉妒心强的人" 和 "不嫉妒的人" 有何不同 ——— 59

　● 消灭嫉妒 "三步曲" ——————————————— 62

击退 "自卑感" —————————————————————— 64

- 现代人的自卑感究竟从何而来 —————————— 64
- 轻松放下自卑的绝佳方法 —————————— 67

克服"优柔寡断" —————————————————— 71
- 为什么完美主义者大多都优柔寡断 —————— 71
- 培养"简单思维",瞬间做出选择 —————— 74

告别"爱拖延"的自己 —————————————— 77
- 掌握让自己不拖延的方法,麻烦从此消失 —— 77
- 运用"机器人法",成为自动完成任务的人 —— 80

消灭"怕生" ——————————————————— 84
- 困扰无数人的"怕生"究竟从何而来 ———— 84
- "五个前提"打破你的外壳,让你不断成长 —— 88

练就强大内心,重新掌握自己的人生

学会"讲故事",瞬间成为人生的主角 ——————— 92
使你无法对人生感到骄傲的"3种思维模式" ——— 94
我们没有时间活在别人的人生里 ————————— 98
"感动思维"赋予你最强大的行动力 ——————— 100

"讲故事六部曲"，帮你夺回人生主导权 ———— 103

提高自我评价，彻底改变生活 ———— 110

成为充分利用自己的天才必须遵守的"绝对原则" — 115

通过"不耐烦"找到"优点" ———— 119

"毫不费力的事情"即为你的优点 ———— 121

第5章 化焦虑为觉悟，活出真正的自我

"4 个问答"找到真实的自己 ———— 126

利用"理想的自己"实现自我提升 ———— 132

"虚假自体"建立的"3F 反应模式" ———— 133

"最强四步法"创造人生的最大可能 ———— 138

拥有觉悟的人有何共通点 ———— 139

化焦虑为觉悟 内心锻炼术 ———— 142

- 第 1 步 化焦虑为平静 ———— 142
- 第 2 步 化平静为自信 ———— 153
- 第 3 步 化自信为勇气 ———— 158
- 第 4 步 化勇气为觉悟 ———— 163

与最好的自己相遇 ———————————— 168

成为他人的勇气 ———————————— 171

结语 ———————————————— 175

第 1 章

以科学方式对抗"焦虑" 和"压力"

寻找焦虑的源头对缓解焦虑无济于事

你是否每天都在焦虑，拼尽全力只为了过好普通的生活？

你是否曾想过：

"我继续这样下去能行吗？"

"我真的能过上不愁没钱花的日子吗？"

"真的有人能把自己的兴趣爱好当成职业吗？"

"结婚真的能带来幸福吗？"

"我的孩子能健康快乐地成长吗？"

"我的健康还能持续多久？"

人一旦形成上述思维定式，就会被焦虑的情绪裹挟，整日郁郁寡欢。

这时，很多人会陷入新的困境：我的焦虑究竟从何而来？

- 我每天都好焦虑……究竟是什么让我如此焦虑?

  ↓

- 工作不顺心。业绩上不去。工资低。

  ↓

- 为什么会这样?

  ↓

- 因为我能力不足。因为行业不景气。因为领导的行事有问题。因为养孩子要花钱……

事实上,不论你花多大力气寻找焦虑的源头,都无法让焦虑本身得到丝毫缓解。

下面,让我们转变方向,从科学的角度认识人类究竟是通过何种机制创造出了焦虑。

焦虑是大脑胡思乱想引起的生理反应

首先，让我们看一个具体案例。

A 先生（30~40 岁）：对未来感到焦虑

> 唉，不知道公司还能撑多久……
>
> 我要是失业了该怎么办……
>
> 但是现在换工作太难了，不现实。
>
> 唉，一想到以后的事情就很焦虑……

让我们来观察一下 A 先生焦虑时，大脑的意识流。

首先，他在脑海里想象未来的自己将何去何从。

- 公司业绩上不去，危在旦夕
- 现在跳槽不现实，日后没有单位要，最终沦为失业人口大脑就像制作电影一样，把 A 先生对未来的担忧和他的处境以及周围环境拼接成了一部影像。

眼下的情况是公司业绩低迷。
↓
销售额上不去的话会被领导批评，甚至降职降薪。
↓
最终可能被炒鱿鱼。
↓
就算重新找工作也过不了面试……

当人在想象未来的艰难处境时，大脑会下意识模拟人处于这些困境中的生理反应。

被领导批评，降职降薪，被炒鱿鱼，找不到下家。我遇到这些事情时，会有什么反应？
↓
身体沉重，呼吸苦难，心跳加速，视线模糊，头昏脑涨……

人脑内有一项模拟机制，即使我们没有做出任何动作，大脑也会进行模拟，好像我们自己在行动一样。就 A 先生而言，他的大脑模拟了失业的情况，得出身体沉重、呼吸困难的结果，于是发出指令让身体执行。最终，大脑的模拟转化为实际的生理反应，身体切切实实感到沉重，呼吸变得困难，心跳开始加速……

当这些生理变化被我们感知时，我们就陷入了所谓的"焦虑"。

除了焦虑，还有许多情况也会引起身体状态的变化。比如，看美食节目时肚子会饿；想起悲伤的往事，瞬间泪流不止……这些身体变化都是人体机制引起的生理反应——大脑发出指令，身体重现模拟结果。

"担忧未来"

↓

"大脑进行模拟"

↓

"大脑发出指令"

↓

"身体状态被改变"

大脑的指令经过上述步骤，最终被我们觉知。

美国著名整形外科医生、临床心理学学者麦克斯威尔·马尔茨在著作中写道：

人类既不是机械设备也不是计算机。但是人类生来就具备如同被计算机一般高性能的"自动执行机制"，并将其运用自如。

......

就像是导弹或鱼雷自动追踪目标一样，大脑和神经系统的目标达成机制帮我们自动实现目标。

（《心理控制术：改变自我意象，改变你的人生》麦克斯威尔·马尔茨著，译者译）

总之，科学证明人脑内存在自动执行机制。

焦虑形成机制

① 想到将要发生的事情

下周有个汇报

② 在脑海里模拟

希望到时不要出现这种情况

③ 发出指令
（大脑：按我说的做）

汇报当天

④ 指令生效
（担心的事情果然发生了）

※ 人脑机制势力让 ④ 向 ① 靠拢

消灭焦虑的第一步：认识未知和已知

"明天有个重要的报告，不知道能不能顺利完成。万一搞砸了……"

"下周要和他见面。上次刚和他吵完架，不知道他原谅我没有。万一他讨厌我……"

哪怕是短期内的安排，也可能让人忐忑不安。

而这依旧是顽固的人体机制在作怪。

读到这里，想必大家也都意识到了，人类之所以焦虑，是因为担忧未来，也就是那些还未到来的，根本还没发生的事情。

"要是失败了，我岂不是……怎么办？"

"要是钱都花完了，我岂不是……怎么办？"

"要是他讨厌我，我岂不是……怎么办？"

"要是被批评了，我岂不是……怎么办？"

"要是失业了，我岂不是……怎么办？"

人之所以会焦虑，是因为我们不清楚未来会发生什么事情。

反过来说，如果我们知道明天会发生什么，那么就不会感到焦虑。

在这个崇尚逻辑思维的世界里，"不清楚未来会发生什么"就是"未知"，而"知道明天会发生什么"就是"已知"。

"已知"和"未知"，大致区别如下。

已知

已经知道的事情

①知道世界将如何变化

②知道某一行为会带来的结果

两个**"知道"**

未知

尚不清楚的事情

①**不知道**世界将如何变化

②**不知道**某一行为会带来的结果

两个**"不知道"**

 时代发展驶入快车道，我们应具备怎样的心理素质

　　这个时代是"变革的时代"。社会结构开始瓦解，过去的常理将失去立足之地。2020 年，新冠疫情暴发，更是加快了时代转动的齿轮。

　　因此，我们可以认为，这是一个未知的时代。

　　时代被未知填满。明天会发生什么？世界将走向何方？我们不得而知。

生活在充满未知的时代，有多少人感到焦虑？

日本的西科姆株式会社对日本人的焦虑情况进行了调查。
2020 年的调查结果显示，自调查实施以来，"近期感到焦虑"
的回答人数占比连续九年超过 70%，其中 20~30 岁的女性回答
者最多，达到 80%。

工作方式、商业模式、营销手段、生活习惯、人际交往、
学校教育……过去天经地义的常理，未来都将失去立足之地。

比如，以前人们把进出写字楼的人叫"上班族"，而居家
办公的普及让一些上班族把工位从办公室搬回了家里；信息技
术的发展成熟极大程度上改变了经济生活，人们进入网上购
物、网上娱乐的时代；过去，人与人只有见面才能交流，而社
交网络平台的出现让我们隔着屏幕就能和他人沟通……这样的
变化今后只会越来越多。

而且，这些变化不仅来得多，还来得快。

10 年前当时的人们都认为，电影要么在电影院看，要么把

光盘租回来看。没有人想到，有朝一日，电影会通过网飞或亚马逊视频等平台的播放进入观众视野。时间再往回倒，我们甚至不敢想象，未来人类只需要通过一种叫"手机"的东西，就能进行办公和娱乐消遣。

变化应接不暇，自然会给我们带来许多好处。

但是，只要我们身上还存在焦虑形成机制，把未知理解为"不知道的东西"，那么于我们而言，变革的时代、未知的时代，就是焦虑无穷无尽的时代。

因此，才会有人每天都活在焦虑之中。

你可能听过这样一种言论："日本人很容易感到焦虑"。

人体内存在一种名为血清素的神经递质，又被称为"幸福激素"。人脑内的血清素水平降低，会让人易感焦虑。

决定血清素分泌水平的，是血清素转运体基因。

血清素转运体基因有三种基因型，包括 SS 基因型、SL 基因型和 LL 基因型。基因型不同，血清素分泌量也不同。研究显示，日本人当中，易感焦虑的 SS 基因型最为常见。与此相对，美国人当中，较为乐观的 LL 基因型和 SL 基因型远多于 SS 基因型。

人们都说日本人容易焦虑，美国人都是乐天派，其实也存在基因方面的原因。

过去，日本人通往幸福的道路一目了然

未知的反义词是已知。已知是什么？

已知，指你知道世界将如何变化，知道自己的选择会带来什么结果。

换言之，已知就是感觉不到焦虑的状态。你的心里不存在对未知的担忧。

过去，日本经历过一段经济高速发展的时期。

"只要不懈努力，就能过上好日子"

"幸福就是考上好大学，进入大企业，结婚，买房……"

当时的幸福生活一目了然。人人都清楚自己的选择会把自己带向何方。

因此，大家很容易勾画出自己的理想和使命，也能轻而易举地把握前进方向，找到实现途径。

只要目标清晰，方向明确，就有光明的未来。

放在今天，"已知 = 感觉不到焦虑"的规律依然适用。

比如，在工作中，"已知"就是知道应该如何完成自己的工作。

"这个问题可以这么解决。"

"有问题可以找他 / 她商量。"

当问题的解决方法尽在眼前时，人自然不会感到焦虑。

既然标准答案已经握在手里，那么接下来只要心无旁骛朝着目标前进即可。这便是日本人过去的生活。

 时代没有标准答案，常识由你定义

然而，时代飞速发展，变化应接不暇。在这个"变革的时代""未知的时代"，"已知"的思维模式已经走到了尽头。

"未来，人工智能进一步发展，可能让所有人失去工作"

"可能未来的某一项信息技术，会让我辛辛苦苦学会的技能失去用武之地。"

"万一出现新的病毒，社会秩序可能会崩塌。"

"可能有一天战争爆发，国际局势一夜骤变。"

没错，未来充满无限可能。

变革创造未来，否定过去。

只要是已知的事物，都会在变革的浪潮中退出时代舞台。

未来，迎接我们的皆是未知。

于是，今天的我们失去了通往幸福的康庄大道，遗失了前人打造的理想生活。

假设，有一位企业家下定决心开始创业。

在过去，只要公司经营一帆风顺，发展壮大便不是难题。

"我要在 5 年内把公司规模做大到 1 个亿！" 定下目标，引进先进制度，开展新业务，进行体制改革……成功的路就在脚下。

然而，在这个充满未知的时代，情况自然不同以往。

"经济能否维持当前的增长势头？"

"该市场未来能否继续存在？"

"十年后，公司的业务会不会荡然无存？"

目标和方向皆是未知数。

同样感到迷茫的，可不只有企业家。

年功序列和终身雇佣制度早已开始分崩离析。过去人们深信，上班族有企业做靠山，是个铁饭碗。而如今，这种常识早就站不住脚了。

此外，自由职业者亦不能幸免。

人工智能发展，市场规模缩小……未知的时代在重整社会秩序时，可不会挑职业行业，也不会看人的地位高低。

遗憾的是，我们所有人都生活在这个未知的时代。没有人清楚，我们到底应该拥有什么样的人生。

正确认识人脑机制，化焦虑为动力

● 人脑中有一项机制，过程是"想象未来将发生的事情"→"脑内模拟"→"大脑发出指令"→"身体状态改变"。

● 大变革时代，人不能预见未来。因此，人对未来充满疑问。

● 没有人拥有人生的标准答案。无数前人走过的成功大道，如今成了一条死胡同。

此时，你或许会对未来产生这样的看法。

"既然如此，那我只能永远焦虑下去了。"

"生在这个时代，焦虑注定会伴随我一生。"

不。这样的想法都是误解。

首先，"想象未来将发生的事情"→"脑内模拟"→"大脑发出指令"→"身体状态改变"是人类特有的机制。这项机制对人类来说，实际上是一个十分美好的礼物。

该机制的运作模式是：通过描绘仍未发生的事情制造焦虑。我们可以把这个模式调整为：

"只要我们描绘美好的未来，那么未来就是我们所希望的样子。"

如此宝贵的机制，让它做一个"焦虑制造机"，实在是暴殄天物。

"虽然你说的有道理，但是美好的未来是什么样的，我实在想象不到……"

不要担心。读完这本书，你就能学会用"内心锻炼术"开启光明的未来。

我可以保证，这本书不会用"放弃负面思维，去描绘正面积极的未来""你的未来一定很美好"等流于表面的言语蒙混过关。

读完本书，你将知道如何找到"理想的自己""真正的自己"，如何摆脱焦虑，如何带着坚定的信念走向光明的未来。

什么人容易陷入"自我探索"的陷阱

对现状感到不满的人通常会探索自己的内心世界，渴望找到真正的自己，自己的人生使命，或者内心渴望追逐的事情，以改变今后的人生。你可能也是其中之一。

其实，我也有过类似的经历。

我和大多数人一样，年轻时经常感到怅然若失，从未燃烧出百分之百的热情。

而我身边有不少人，他们沉浸于运动、学习或其他个人爱好。那种热爱与坚持，让我感到由衷的羡慕和佩服。

反观自己。

不论我做什么，心里总是不温不热，付出的努力也通常有所保留。我的热情向来不多不少，最后的成绩往往也不高不低。这种甘于普通的做事方式，逐渐让我感到自卑。

于是，我产生了这样的想法。

"我的付出总是有所保留，是因为那些事情都不是我'真正'热爱的东西。我应该多尝试，找到自己'真正'热爱的事情。"

从那时起，我做出了很多尝试。市场营销人员、潜水教练、企业领导、柔道正骨师、品牌运营人员……我一路寻找自己"真正"热爱的事情，最终留下了一份丰富多彩的履历。

我在每一份工作上都尽了全力，感受到了工作的意义，也学会了如何克服困难。

然而，这些工作依然不能点燃我所有的热情。

我毫不怀疑自己对这些工作的热爱。但是，如果有人问我，"你是否坚定不移，是否愿意为此赌上一生？"我无法干脆利落地给出一个肯定的答复。

这时，我改变了自己的想法。

"既然找不到'真正'热爱的事情，那就锻炼本领，让自己不输给任何人。"

我当时之所以这么想，是因为觉得只要做自己擅长的事情，就一定可以拿出百分之百的热情。

　　我开始学习各种技能，考了好几个资格证。拿到证书后，我又开始寻找下一个"擅长的事情"。

　　可是，不论哪个行业，都是人外有人，山外有山。

　　不论我怎么努力，在这个领域，论知识论技能，都有成百上千的专业人士在我之上。

　　那些专家们令我望其项背。我深感用"擅长"二字谈论自己的水平还为时尚早。

　　于是，我放弃了。我对自己说："我努力了，但从结果来看这并非我擅长的事情。正因如此，我没能拿出百分之百的热情，无法毫无保留地努力"。

　　最后，我陷入了迷茫。

寻找人生目的，必须遵守两条原则

陷入迷茫后，我开始自暴自弃，产生了这样的念头。

"我准备好和烦恼过一辈子了。凡事只要过得去就行。整天想着怎样才能点燃百分之百的热情，我也太固执了。"

此时的我，已经在想方设法点燃百分之百的热情这条道路上走了二十年有余。

突然，我的脑海里浮现出另一个想法。

"我居然跌跌撞撞走了二十多年？想不到我还挺厉害的。"

一直以来，我的脑海里都有一个声音在说："我不行"。思维方式转变的瞬间，这个声音变成了："我很厉害"。

"二十年来，为了激发自己的全部热情，我坚持到了今天，从未想过放弃。我真厉害。"

对自己的看法改变后，自己想做的事也逐渐变得清晰可见。

我紧紧抓住它，不断打磨，终于找到了真正的自己。

我的经历，让我悟出了两个道理。

寻找人生目的过程中两种常见的心情

❶ "我不行""我还差得远""我这个人半斤八两"……人只要自我否定，就不可能找到真正的自己

❷ 如果你还在挣扎，说明你还没有放弃自己

如果你仍在为"真正的自己""人生目的""个人使命"苦苦挣扎，说明你仍未放弃自己，你依然相信自己的希望。

所以，哪怕前方的未知会让你感到焦虑不安也不要紧，至少你还在前进。

我们只要找到理想的自己，分清前进的方向，就能预见美好的未来。人类优秀的大脑机制，能帮助我们彻底摆脱焦虑和不安。

从现在开始，请你和我一起加油，彻底释放你的潜能。

总结

- 要想应对焦虑，必须先了解焦虑形成的过程。

- 焦虑其实是人脑的模拟带来的"不愉快状态"。

- 大脑的机制会把我们所思所想转化为现实。

- 我们只要想象美好的未来，就能创造出自己希望的结局。

- 自我否定的人不可能找到真正的自己。

- 如果你在为自己的事情烦恼挣扎，说明你觉得自己还

  有希望。

※ 第 2 章开头有一项调查，测试你多大程度上活出了真实的自己。请不要停下阅读，直接进入下一章。

第 2 章

"虚假自体"让人无法按自己的意愿生活

测试一下你是否活出了真正的自己

下面，让我们测试一下你多大程度上活出了真正的自己。请勾选出符合自身情况的选项。

- ☐ 我经常感到自己在逃避
- ☐ 我认为我之所以没能坚持自己的决定是因为我不够坚定
- ☐ 我认为自己没做好是因为能力有限
- ☐ 我曾想过为什么别人能做到的事情我却做不到
- ☐ 我觉得别人之所以总是以居高临下的姿态看我是因为我太软弱
- ☐ 如果得不到别人的认可，我会觉得自己的存在没有价值
- ☐ 我总是忍不住在意他人的目光
- ☐ 我有意识让自己看起来积极向上，但内心深处其实在逃避着什么

感觉如何?

符合 1~2 项

▶ 你基本上是按照真实的自己活着。

符合 3~4 项

▶ 很遗憾，你正按照"虚假自体"活着，而非"真实自我"。

符合 5 项以上

▶ 你已迷失自我，完全把"虚假自体"当成了真正的自己。

我们在潜意识中欺骗自己

为了找到真正的自己，过上没有焦虑的生活，我们必须先弄清楚一件事。

"当下的你，可能是'虚假自体'。"

这并非什么超自然现象。

"虚假自体"与"真实自体"是一组相对的概念。

如果你觉得无法活出真正的自己，那当下的你很可能是"虚假自体"。

"虚假自体"是英国儿科医生、神经分析学家唐纳德·温尼科特（Donald. W.Winnicott）通过对儿童的精神分析提出的概念，意思是隐藏"真实自体"，带着防御外壳的状态。

虚假自体

那么，什么是"虚假自体"？

● 内心空虚

● 得不到满足

虚假自体的人往往会有上述两种感觉。

虚假自体给人的感觉就像上图中的人，身上出现了一个巨大的窟窿。

为了填补这个窟窿，虚假自体会千方百计地试错，责备自己，或者攻击别人。

换言之，虚假自体的人找不到填补窟窿的方法，整天在空虚和麻木中苦苦挣扎。

而且，虚假自体的人往往会把工作目标、成果或结果当成填补窟窿的手段。

比如，有人成立公司的初衷看似是"让员工充满活力"，但内心真正的想法其实是成为受人景仰的企业家。

如果你的自我是虚假自体，那你其实在欺骗自己。

或许你认为，人不可能欺骗自己，因为人的所作所为都是主观选择。

但事实上，很多人的确在欺骗自己。

"虚假自体"的五种类型

迄今为止，我接受了许多人的咨询，在工作中不断研究虚假自体。通过研究，我发现虚假自体存在 5 种类型。

类型❶ 渴望受人尊敬

类型❷ 证明自己优秀

类型❸ 被害者

类型❹ 显示优越感

类型❺ 假装兴奋

下面我将对这 5 个类型进行逐一解释。你可以一边阅读，一边思考自己属于哪种类型。我们只有先认识问题，才能解决问题。下面，让我们从发现问题开始。

虚假类型 1 "渴望受人尊敬"

R 社长渴望得到员工的尊敬，希望自己身为社长，能得到大家的认可。

R 社长是公司的第二代继承人。他说："我没有基层经验，所以大家不信任我。老员工既不听我指挥，也不尊敬我。"

他的想法逐渐影响了他的言行。

向下属交代工作时，他会无意识地用拜托别人的语气说："你可以帮我完成这个工作吗？"另外，他本该指出问题的时候，却总是担心自己出言不逊，最终选择睁一只眼闭一只眼。

他的行为导致的结果就是，员工不清楚老板到底想要什么。

时间一长，他便失去了员工的信任。

"总感觉老板靠不住。"

"我没办法尊敬他。"

虚假自体让结果事与愿违。

"渴望受人尊敬"的虚假自体常见于经营者或管理层等职位

较高的人群之中。希望受人景仰、渴望得到信任、想要被人喜欢等被动的思维方式容易让人陷入"渴望受人尊敬"的陷阱。

"渴望受人尊敬"的虚假自体是如何形成的？原因有三。

第一，对"必须受人尊敬"有着强烈的执着。

优秀的经营者，有效管理员工的上司……这样的人往往会得到我们的尊敬和信任，这种心理与孩子对父母的感觉相同。这些人让我们深信，要成为人上人，必须受人尊敬；只要不受人尊敬，就无法成为人上人。

日本人才派遣公司 JAIC 进行的"2021 年度新入社员研修调查"显示，对于理想的上司应具有什么品质这一问题，排名第一的回答是"为人值得尊敬"。或许，经营者也意识到了员工希望自己成为值得尊敬的人，因此对"必须受人尊敬"产生了强烈的执着，导致"渴望受人尊敬"的虚假自体的成形。

但是，反观我们尊敬的人，他们之所以成功，绝不是出于对尊敬的执念。他们关注自己的职责，勇于直面内心，加上不懈的努力，才取得了今天的成就。

第二，强烈要求团队成员（员工或家人）服从自己。没有人愿意员工或家人与自己背道而驰。毕竟，员工不服从命令会影响工作，与家人意见相反会影响家庭和谐。

但是，这种想法一旦过于强烈，就会迷失自我，处处在意别人的看法，活得十分被动。

时刻在意别人眼光的行为叫作"迎合行为"。具有迎合行为的人存在放低自己，抬高对方的心理。

第三，想让对方感到幸福和工作的价值，把对方的幸福当成自己的责任。

祝别人幸福本身并非坏事。不过，"祝"别人幸福与"让"别人幸福之间不能画等号，千万不能混淆。

此外，工作的价值是因人而异的。况且，营造宜工环境，让员工找到工作的价值这件事本身就是领导的职责。

许多身居管理层的人出于上述原因，创造出了"渴望受到尊敬"的虚假自体，把"不被人指责"当成最高行事准则，最终丧失了独立思考和承担风险的能力。

虚假类型 2 "证明自己优秀"

C 在某科技公司担任部长,工作能力强,具有丰富的 IT 知识和业务经验。他的烦恼是自己无法有效管理团队。

他为什么管理不好团队呢?

每当团队成员遇到困难时,他总是一股脑地把自己的方法、知识和经验灌输给对方。

他觉得,自己的做法有助于大家的学习和成长。然而,大家却觉得他自以为是,总是炫耀自己的才干。

当然,他本人并没有这种想法。

不过,他内心深处其实很想得到别人的认可,渴望成为大家眼中那个"优秀的人"。

因此,尽管他是出于好心,却被当成自吹自擂,说什么都不被人放在眼里。

虚假自体的人可能都没有意识到,自己其实迫切需要能力得到证明。

这种现象在靠努力走到今天的人身上尤为常见。这样的人

虽然一路拼搏至今，但潜意识里仍然觉得自己不够优秀，有所
欠缺，总是将问题归因于自己。

所以，他们心里觉得自己的能力还没有得到证明。

这便是所谓的"窟窿"。

为了填补窟窿，他们便向人强调自己的丰功伟绩和卓越能力。

"对对对，这我知道。"

"那个我也做过。"

"这样不就搞定了吗？"

"嗯嗯，我知道你想说什么。"

渴望得到承认的人会有意无意地在言语间展示自己无所不
知，以证明自己比别人优秀。

关于证明自己的优秀，斯坦福大学心理学教授卡罗尔·德
韦克（Carol S.Dweck）在著作中做出了以下阐述。

相信自己的能力像石板上的刻痕一般亘古不变的人——固
定型思维的人，总是忍不住证明自己的能力。

（《终身成长》卡罗尔·德韦克著，今西康子译）

以"证明自己优秀"的虚假自体活着的人通常都没有察觉到自己对证明能力的迫切。他们对旁人并无恶意，只是单纯地为对方考虑，比如"说一些大家可能感兴趣的新鲜事""分享更好的方法，帮助大家提高工作效率"等。

然而，这些人在不经意间流露出的被认可的欲望，还是会令周围的人感到不悦。

虚假类型 3 "被害者"

H 是一名牙科医生，在 K 县经营一家牙科医院，规模在当地数一数二。凭借优质的服务水平和独创的经营理念，这家医院获得了快速地成长。

然而，有一件事一直困扰着他。他每个月都要参加医学研讨会，并在会上分享个人经历，这让他感到十分抑郁。他对我说："其他医生虽然嘴上不说，但是心里肯定觉得我'没什么大不了的''不过就是一个开医院的'。"这种被害妄想症充斥着他的内心。

堂堂大医院的医生，却一直为旁人"看不起自己"而黯然神伤。

如果你觉得别人不把自己当回事，总是责怪、无视自己甚至瞧不起自己，那么你的自我很可能是虚假自体。

人如果觉得自己有所欠缺，便会时刻充满戒备，怀疑对方有意责骂自己，担心自己的观点遭人批判。这些人眼里，别人的一切言行都是在指责自己。

读到这里，想必你已经明白，带有"被害者"虚假自体的人通常十分在意别人的感受。他们的关注点似乎在别人身上，但其实真正关心的是别人眼中的自己。说白了，"被害者"的虚假自体在意的不是别人，而是自己。

虚假类型 4 "显示优越感"

S女士是一名创业者，她热爱学习，勤奋刻苦。

然而，她觉得员工和客户似乎都在躲着自己，这让她十分生气。

其实，问题出在她的言行和态度上。不论对谁，她总是一副高高在上的姿态。"还没学会吗？""我年轻的时候哪有这么轻松？可比现在苦多了！"她总是用自己的经历和成就攻击别人。

　　凭借自己的立场、地位或人际关系来抬高自己，贬低对方的行为也是一种虚假自体。

　　这种贬低他人的行为也存在一定依据。

　　在生态学中，贬低他人被称为"攻击展示"。当个体仅通过体型无法判断出自己的优劣时，就会进行攻击展示。换言之，能力不相上下的个体之间容易出现攻击展示的行为。

　　至此，想必你对贬低他人的行为已有一定认识。

　　倾向于贬低别人的人，内心深处其实是觉得自己弱小，有所欠缺。

　　他们不希望这种脆弱被人察觉，害怕沦为别人的笑柄，担心露出破绽就会被人乘虚而入。

　　与其被人攻击，不如先下手为强。于是，贬低别人便成了这些人的本能。

我们每个人都有一个敏锐的"雷达"，每时每刻都在探测别人的能力与自己相比孰高孰低，观察对方与自己交谈是出于何意。

只要我们心里有意贬低对方，展示自己的能力和地位，那么一定会被对方察觉。

但麻烦的是，这种展示欲是自我防卫的潜意识行为，我们对此无法自知。

虚假类型 5 "假装兴奋"

M女士喜欢挑战新事物。她在为半年后的新业务忙得团团转。

她有两句口头禅："人活着就要充满动力！""要相信自己的潜力！"

旁人都说她是一个积极向上的人。然而，不同于她的积极乐观，那些性格消极、想法悲观的人会让她感到生气。

虚假自体的人未必都是消极的人。积极向上的人也可能构建出虚假自体，以填补内心的空虚。

"我要做自己喜欢的事情！"

"我要实现自己的梦想！"

其实，不少积极向上的人之所以努力奋斗，也只是为了填补内心的空虚。

临床心理学上有一个术语叫"躁式防卫"。

躁式防卫指人在面对自己难以接受的情形时，为减轻内心的痛苦，在潜意识中做出的心理反应。

我们或许都曾在内心消沉之时故意表现得开朗阳光。这就是"假装兴奋"的虚假自体。假装兴奋的人拒绝承认自己对未来的迷茫，通过相信"世界美好"来强行压制心里的担忧。

然而，这种行为也只是为了填补内心的空虚。假装兴奋的人以为自己充满动力，但实际上内心一直被焦虑的情绪笼罩着。

多数人被"虚假自体"欺骗的真正原因

自我为虚假自体的人主要有两类。

- **意识到虚假自体的存在，并努力超越自己。**
- **意识到虚假自体的存在，但拒绝面对。**

面对自己会令人感到恐惧。

我以前也不敢面对自己，甚至一度拒绝面对自己，并自我安慰道："我不差。现在的我很棒！"不过，我也清楚视而不见并非长久之计。尝试着直面自己后，我对自己感到失望，日渐消沉。

或许，你也有过这样的经历。

不过，对自己失望只是因为没有找到"正确面对自己"的方法而已。

下面，我想介绍几个案例。

容易厌倦的 A

> A ：
> "我是一个很容易感到厌倦的人。不论什么事，我总是中途就感到厌倦，很难坚持到底。人们都说'做事要持之以恒'，但是我真的不擅长坚持，这一点一直困扰着我……"
>
> 我 ：
> "……这不可能啊。"
>
> A ：
> "是真的！"
>
> 我 ：
> "那你是从什么时候开始变得容易厌倦的？"
>
> A ：
> "我一直很容易厌倦！从小学的时候就这样了。"
>
> 我 ：
> "那你还挺厉害的，从小学到现在都坚持做'容易厌倦的自己'。"

通过这段对话我们可以看出什么？

A 觉得自己不擅长坚持，认为自己不具备坚持到底的能力。

但这并非事实。"容易厌倦，总是轻易放弃"表明 A 在不断尝试新事物，并且将这种习惯从小学保持到了现在。A 始终认为自己不擅长坚持，这其实是自我欺骗。

固执的 B

> B："我这个人有点死脑筋，很难改变自己的想法，总
>   是不小心冲撞别人。"
> 我："死脑筋？怎么可能呢。"
> B："不，我真的是死脑筋，真的！"
> 我："那你想怎么做？"
> B："我想改变这种死脑筋……我不想当一个固执的人！"
> 我："不想当一个固执的人，这个想法难道不灵活吗？"

所谓"固执"，指的是毫不打算改变个人观点的状态。

而 B 想的是"虽然我很固执，但我想要改变自己。"这种
想法明明很灵活，而 B 却还是把自己当成一个死脑筋，不懂得
变通的人。

到此，你是否对自我欺骗有了基本的认识？

下面让我们继续分析案例，认识更多的自我欺骗方式。

消极的 C

> C ："我是一个特别消极的人。我总是把事情往坏处
> 想。不管做什么，我也总是消极应对。"
>
> 我："那你想要成为什么样的人呢？"
>
> C ："可能成功的概率不是很大，但我还是想成为一个
> 积极的人！"
>
> 我："成为一个积极的人后，你想做什么呢？"
>
> C ："不在乎鸡毛蒜皮的小事，挑战各种各样的新事物。"
>
> 我："哇！你真积极！"

看完 C 的案例，你有什么感受？

当 C 说"我要成为积极的人"时，他已经成为积极的人
了。然而 C 对此却毫无察觉，而是任由"消极"的自我认知在
心里扎根，导致他始终无法做出改变。

让我们看看最后一种自我欺骗类型。

优柔寡断的 D

> D："我优柔寡断，做事犹豫不决。这个问题已经困扰
> 了我很久。"
>
> 我："你真的优柔寡断吗？"
>
> D："对！（毫不犹豫）"

听到我的问题，D 毫不犹豫地回答"对"。

真正优柔寡断的人，应该做不到这么斩钉截铁吧。

充分利用人的运作机制

"持续做一件事情"

"不断改变自己的想法"

"把事情往好处想"

"迅速做出决定"

这些都是人类与生俱来的机制。这个世界上不存在不具备这些机制的人。

然而，很多人并不了解自己，不清楚我们的大脑是如何运作的，所以经常低估自己，对自己抱有毫无必要的担忧。

人只要自我欺骗，就永远不可能跳出虚假自体，摆脱焦虑，活出真正的自己。

因此，哪怕你只是为了不被自己欺骗，也应该对人的心理机制有清楚的认识。

总结

- 当你感到没有活出真正的自己时，你很可能是虚假自体。

- 虚假自体有五种类型。掌握自己的类型，有助于深化自我认知。

- 虚假自体的五个类型是"渴望受人尊敬""证明自己优秀""被害妄想症""显示优越感"和"假装兴奋"。

- 虚假自体指内心空虚、得不到满足的状态，仿佛身上有一个巨大的窟窿。

- 只要了解人的心理机制，就能拆穿虚假自体的谎言。

第 3 章

脱离"虚假自体"

心理机制助力成长

首先，让我们来思考一下擅长解决问题的人和不擅长解决问题的人有什么不同。

你知道这个区别吗？

擅长解决问题的人不会上来就寻找解决方案。他们会从准确把握问题入手，分析当前的情况和问题出现的背景。

改变自己也遵循同样的道理。

"我该怎么改变自己？"

"有没有什么好办法？"

"什么办法才是有效的？"

"我可以向谁寻求帮助？"

上来就自问自答，寻找解决方法，容易让人手忙脚乱，分不清主次先后，最终把希望寄托于精神依靠……

因此，要想改变自己，必须先正确了解人的心理机制。

这一章，我将展开讨论以下五种心理。

- **嫉妒**
- **自卑感**
- **优柔寡断**
- **拖延**
- **怕生**

你或许正为上述某个心理所困扰。这些心理是如何形成的？背后有什么机制？下面，我将解释这五种心理的形成过程，告诉你有效的解决方法，帮助你摆脱烦恼。

攻克"嫉妒"

人为什么总是嫉妒别人

"为什么别人做得到我却做不到？"

"为什么大家只夸他不夸我？"

嫉妒是人类普遍存在的心理。当然，人人都希望自己可以不嫉妒别人。

我们最理想的状态，就是充满自信，落落大方，不嫉妒别人。

然而事实是，我们很难控制住自己的嫉妒心。

人究竟为什么会嫉妒别人？

让我们来看一下嫉妒形成的心理机制。

❶ 埋下嫉妒的种子

你遇到一个比自己优秀的人。

这个人散发着光芒。

于是，你开始思考"为什么那个人可以……"你此刻的心声便成了"嫉妒的种子"。

❷ 得意扬扬

接下来你会因为某些事情变得得意扬扬，开始自吹自夸。你幻想自己能力优秀，心想"这种小事我也能做到""我也可以成为那样的人"，并为自己感到骄傲。

❸ 重回现实

你身旁的人工作顺风顺水，硕果累累，旁人对他评价颇高。

"我应该可以做到，我也可以和他一样……可我现在还没做到。"

你再次审视现实，认清了自己的处境。

❹ 寻找原因

"为什么他能做好？"

"为什么我做不好？"

你开始寻找问题的原因。不过，你的前提始终是"我本来也能做好"。

也就是说，

"那个人运气好，所以才顺风顺水"→"我运气差"

"我本来也能做好的，只是我没有下功夫"→"我一直在逃避"

你开始以上述其中一种方式责怪自己。

这种"自责"带来了"嫉妒"，这就是嫉妒形成的心理机制。

而且，嫉妒心强的人行动力会退化。

因为嫉妒心强的人会陷入"我本应做到"和"我没能做到"的矛盾。

这种矛盾状态被称为 "双重束缚（double-bind）"。双重束缚，是文化人类学家、精神病研究专家格雷戈里·贝特森 (Gregory Bateson) 在一次报告中提出，指人同时接收到 "初始信息" 和 "与初始信息相悖的信息" 后陷入的无所适从的两难状态。

人为了证明自己能够做到某件事情，就会把这件事当成义不容辞的责任。

但实际尝试后，结果证明自己做不到这一点。

长期处于这样的状态下，人的行动力就会在不知不觉中退化。

"嫉妒心强的人" 和 "不嫉妒的人" 有何不同

别人在事业上的成功可能会让人羡慕，但未必能引起人的嫉妒。换句话说，这个世界上既有嫉妒别人的人，也有不嫉妒别人的人。

这种差异究竟从何而来？

事实上，嫉妒心强的人在精神层面上有一个共同点。

"为什么他能成功？"

"我明明也可以。"

"可是我没有。"

"肯定是因为他运气。"

"我没成功是因为我没有努力。"

你是不是有了头绪？

"成功／没成功"

没错，容易嫉妒别人的人存在"能力依赖"。

有人通过自身的努力提升能力，取得成功，或者一路拼搏，最终得到了梦寐以求的结果。正是这些靠努力奋斗走到了今天的人更容易嫉妒别人。

下面，让我们看一个有关嫉妒的案例。

T是大型服装公司的员工。他在工作上付出了全部的心血，从不懈怠，颇受旁人称赞。凭着实力和业绩，他成了同期中最先晋升到科长的人。

然而最近，比他小三年的后辈也当上了科长。这件事情让他感到焦虑，心里愤愤不平。

"他为什么能和我平起平坐？两年前他什么都不懂，还是我手把手教的他！"

而且，他还把矛头指向了公司。

"公司为什么要这么肯定他？凭什么！"

随后，T的焦虑蔓延到了与工作毫无关联的方面。

在朋友圈看到熟人事业有成，生活如意时，他一方面替对方感到高兴，另一方面也觉得勤勤恳恳的自己再一次被人超越。

能力强，工作努力，这绝非坏事。

可是，如果像T一样把能力与个人价值进行过度捆绑，就会孕育出强大的嫉妒心。

之后，每当遇见能力强的人，就会感到个人价值受到了威胁。

　　如果你怀疑自己是嫉妒心强的人，不妨反思一下，你的内心深处是否存在对"个人能力"的执着？

消灭嫉妒"三步曲"

　　下面，我将告诉你如何克服嫉妒。

步骤❶ 承认自己的处境

　　克服嫉妒，关键在于认识到自己把个人价值和自身能力进行了过度捆绑，并承认自己把个人能力当成满足欲望的工具。

步骤❷ 了解嫉妒的人

　　告诉自己："我嫉妒的人，并不是为了让我嫉妒才活在这个世界上。"

　　你嫉妒的人不过是在做自己该做的事，过自己的人生而已。

　　不留情面地说，你之所以嫉妒对方，单纯是因为你自我意识过剩。自我意识过剩，听起来似乎有些羞耻。

　　既然如此，你不必嫉妒对方，只要过好自己的人生即可。

步骤❸ 改变能力的使用方式

请你思考，"我想做什么？""我该做什么？"如果一时找不到答案，不妨换个问题，"我想为哪些人提供帮助？"对这些问题的回答，才是我们应该运用自己能力的地方。

消除嫉妒心，关键在于改变自己运用能力的方向。不要为了证明自己的优秀或者得到他人的认可而努力。那不是你该花力气的地方。请把你的能力运用在珍重的人身上，运用在社会进步上。

上述案例中提到的 T 就运用了这个方法。

随后，他意识到，自己因为后辈升职"害怕自己将会不受人尊敬"，"害怕自己在公司将没有立足之地"。

我问他，如果你的存在价值没有被否定的话，你会把自己的能力运用到哪方面？

听完我的问题，他坚定地回答道："我想把我的销售经验传递给那些正愁业绩上不去的人。"其实，T 刚进入公司的时候毫无业绩可言，他通过不懈努力和反复实践，最终才掌握了营销技巧。

听完他的回答，我又问道："如果你这么做的话，在公司会失去立足之地吗？"听完，他害羞地笑了，说："并不会。因为我的使命就是'提升公司整体的销售水平'。"

如果你正为自己的嫉妒心所困扰，千万不要错过这个方法。

击退"自卑感"

现代人的自卑感究竟从何而来

"唉，为什么我就不行呢……"
"反正像我这种人……"

自我否定，即自我评价低。这种自卑感中其实存在着巨大的陷阱，而很多人对此却毫无察觉。

那么，自卑感是如何形成的？

下面，我将解释自卑感形成的心理机制，揭开"自卑"的陷阱。

1 觉得对方"厉害"

"那个人好厉害！"

这种感受会触发自卑形成的心理机制，自卑感开始形成。

2 自我否定三连发

当你觉得别人很厉害之后，你的内心会出现下面的声音。

"（跟那个人比起来）我不行"

"反正我做不到"

"我从来没有成功过"

我把这三个声音合称为"自我否定三连发"。一旦你的内心出现"自我否定三连发"，自卑感的形成就变得极其简单。

❸ 攻击自己

此时，你开始以各种方式进行自我攻击。

"因为我当时……"

"我哪次不是这样"

"活着真不容易"

"越想越丢人"

当你开始讨厌自己，说明你内在的自卑感已经彻底形成。

然而，请你仔细思考一下，我真的讨厌自己吗？

你是否听说过"自我妨碍"？

"自我妨碍"指个体在做出具体行动之前，故意给自己制造障碍。感到自卑的人均处于自我妨碍的心理状态。

事实上，感到自卑而意志消沉的人，内心深处相信自己并非一无是处。他们对自己抱有较高的自我评价。

真正一无是处的人会坦然接受即使努力也得不到结果的事实。

　　然而，自卑的人接受不了这样的事实。他们一边被理想的自己责备"我不应该是这样子的""我肯定能做到"，另一边却对过高的自我评价视而不见。

　　"我其实可以做得更好！"当这种心声暴露无遗时，心里又会产生质疑的声音："那你为什么不更努力一点？毫无成果，说什么大话。"

　　这种质疑导致自卑的人产生"自我评价低"的心理暗示，与"自我评价高"共同构成复杂的双重暗示。

　　意志消沉、自以为自己不行的人其实自我评价颇高，这就是自卑感的陷阱。

轻松放下自卑的绝佳方法

　　下面两个方法可以帮你放下自卑，迈步前进。

方法❶ 不做成败的囚徒

　　在你开始行动前，不要考虑最终的结果是成功还是失败。

　　请把"这种事情，反正我也做不到""这么难的事情，我做不了"等自我否定的想法抛之脑后。不管结果如何，先行动起来。把注意力全部放在经验的积累上。

随后，你就能逐渐放下对结果的忧虑，在行动中感受自己的勇气和力量。

自卑的人并非苦于自己无能为力，而是为缺乏勇气的自己感到羞愧，所以才会自我贬低。

方法❷ 为他人行动

你担心自己做不到，说明你一直在考虑自己的事情。换句话说，你把注意力都集中在了自己身上。说难听一点，你是一个"自我意识过剩"的人。

因此，我们需要把注意力转移到外部。行动前，先把注意力放在别人身上，比如家人、团队、客户等。

多巴胺是一种神经传导物质，又称为奖励传导物质。大脑内大量分泌多巴胺会给人带来愉悦感。这或许是靠社会结构生存至今的人类特有的奖励机制。

此外，多巴胺还被称为"动力激素"，有助于我们消除自卑感。

当你脑海里出现了"我做不到""为什么我做不到"的声音时，一定要停下思绪，告诉自己："做不做得到都没有关系，只要经历了，就是有价值的。"

"如果一直陷入自卑不敢行动的话，我就不能为我的家人、搭档、团队、客户提供帮助。"

要知道，成功也好，失败也罢，其实都不重要。重要的是你拥有了这段经历。

把意识集中在丰富人生经历上，激励自己前进。

举个例子。假设你的领导准备把一项重要的任务交由你来完成。你在决定要不要接受这个任务时，判断标准不是"我会成功还是失败"，而应该是"我想不想拥有这段经历"。

如果这种方法无法让你做出决断，也可以换个思路，想一下自己接受这个任务是"为了什么""为了谁"。

如果你清楚地知道自己做这件事情是"为了什么""为了谁"的话，你的注意力其实已经从自己转移到了目标上，因此你能够积极主动地完成每一项工作，你的能力将不同以往。

自卑不是你一个人的问题。我们每个人或多或少心里都存在自卑感。

但这并不意味着我们可以对自卑视而不见。自卑源于过高的自我评价，自卑的人把本该放在对方身上的注意力集中到了自己身上。

行动前，请关注行动的目的或者你想要帮助的人。由此，你会重获动力，勇往直前。

克服"优柔寡断"

为什么完美主义者大多都优柔寡断

"我该怎么做?"

"这两个选哪一个呢?看起来都不错……"

"我很没有主见。这个问题一直困扰着我。"

现实生活中,有许多人正为优柔寡断的自己感到苦恼。

考虑太多,很难下决定,观点零散不成体系……

不论是工作中还是私下交往时,优柔寡断的人似乎都会得到"不靠谱"的评价。

人为什么会无法做出选择?

让我们一起看一下人脑内的优柔寡断机制。

假设,这里有"A"和"B"两个选项。

要知道，大脑喜欢模拟做出选择后出现的结果。

- 选择 A 的话，会出现什么情况？
- 选择 B 的话，会出现什么情况？

显然，人人都愿意选择结果更好的那个。

但是，优柔寡断的人会多考虑一步。他们除了"哪个结果更好"，还会预测"哪个结果更差"。

"A 的话，这个地方不错，可是这里不太好"

"B 的话，这里还行，但这一点不是很满意"

大脑长期预测选择的负面结果，会导致人的心理状态（state）下降。

而这背后的原因，与第 1 章中提到的"焦虑形成机制"相同，即大脑想象负面情况发生，导致人体产生消极的生理反应。

更为重要的是，对未来的负面想象过多时，心理状态会一落千丈。最终，人只能在极低的心理状态下做选择。

做选择意味着要承担风险。

人如果在心理状态差、情绪低落时做选择，内心会放大对失败、损失和后悔的恐惧。

如此一来，人就变得难以做出选择。

例如，这是你第一次和他／她约会。在此之前，你费尽心思考虑哪个方案才能让对方满意。你不停地想象未来会发生的事情，时间在你的想象中流逝。最终，你好不容易选择了一家餐厅，结果座位全部被客人预订了，你的选择也因此失去了意义。

通过这个例子我们可以知道，优柔寡断的人在想象负面情况上花费了过多时间，由此让自己陷入无力承担风险的心理状态。

那么，优柔寡断的人如何看待自己？你的回答可能是"害怕""不愿意承担风险或不敢承担风险""没主见"，等等。但事实上，优柔寡断的人只是自己制造出不敢承担风险的心理状态，绝不是胆小或者不敢承担风险的人。

"我过度预测负面结果。"换个说法就是，"我永远在努力做出最好的选择。"

A 和 B 哪一个更好？这种犹豫的背后，是对结果永无止境的追求。从这个角度来看，哪怕是中午点餐时的再三犹豫似乎也可以看成一个闪光点。

话虽如此，想必还是有不少人为自己的优柔寡断感到苦恼。因此，下面我将教你如何克服优柔寡断。

培养"简单思维"，瞬间做出选择

步骤❶ 说服自己

告诉自己："我总是在努力做最好的选择。"你只是有自己的追求，不愿轻易妥协而已。

步骤❷ 放下"总是"

为了让人生拥有意想不到的乐趣，我们要告别"总是做完美选择"的思维方式。

"今天的午餐不需要很完美。"

"今天的时间管理不必做到一丝不苟"

学会享受 60 分带来的不完美，接纳 60 分的自己，接受 60

分的品质。

步骤❸ 做选择时只看优点

为了规避风险，花大量时间思考缺点，也就是负面影响，导致我们越来越难接受自己的选择。

因此，做决定的时候，只关注优点即可。你只需考虑："这个选择会给我带来什么好处？"

具体来讲，当你脑海中出现"可是，选这个的话……"的念头时，请立即停止思考。

步骤❹ 看缺点做决定

当你习惯了只看优点之后，我们就进入了最后一步。

请你再次将缺点纳入考虑范围。

日语中，"决定"一词写作"决断"。"决断"包括"决"和"断"两个方面。所谓"断"，即"接受缺点"。接受缺点的存在，正是这一步的关键。

在 A 和 B 之间犹豫时，请分析双方的缺点，并基于自己对两方缺点的接受程度做最终判断。

重复步骤❶至步骤❹的训练，就能锻炼出强大的内心。

特别篇：再往前一步

上述四个步骤足以帮你克服优柔寡断。不过，如果你希望进一步锻炼心志，还有一个好方法，就是"选择更具挑战性的选项"。

"犹豫"其实意味着无论选择哪一个，结果都无伤大雅。既然如此，不妨选择更具挑战性、更有助于个人成长的一个。

这种选择方式的好处是，你会觉得"自己主动发出了挑战"，由此热情高涨，充满动力。

我让渴望改善优柔寡断的人亲身实践了这套训练方法。

首先，我解释了步骤❶的作用。进行步骤❷时，我向他们提出要求：上班前挑衣服时以 70 分为目标，不追求更高分的着装；决定午餐吃什么时只挑选餐厅，至于点什么菜必须在五秒内做出决定。

他们起初会感到十分抵触，但习惯之后，成功接纳了不完美的自己。

到了步骤 **3**，我要求他们根据选项的优点做决定。同样，大家开始的时候都会感到困难。但最终，他们成功意识到自己过去在消极的事情上浪费了多少时间。

最后到第 **4** 阶段，我要求他们再次分析各个选项的缺点。至此，大家的情况都得到了很大改善，他们终于敢冒着风险做出选择，哪怕出现最差的情况，也能坦然接受，勇敢面对。

告别"爱拖延"的自己

掌握让自己不拖延的方法，麻烦从此消失

"这个事情好麻烦啊"

"算了，之后再做吧"

你是否也曾把眼下该做的事拖到最后才完成?

结果到最后又悔不当初，心想"要是当时做完就好了""当时我怎么就没做呢"。

"下次我一定不拖延！"尽管你会如此发誓，但是拖延的毛病就是改不了。

你是否曾想过用"干劲"或"意志力"来克服拖延症？

不过，我的训练方法与干劲和意志力无关。下面，我会先分析人类与生俱来的"拖延机制"，帮助你解决拖延的问题。

人类为什么会拖延？

原因有以下两点。

❶ 判断事情的难易度

假设你突然接到一项任务。

这时，你会本能地判断这项任务的难易程度。一旦你认定这项工作很困难，心里便会感到"麻烦""不情愿"。

❷ 轻易把事情往后推

你把事情往后推，意味着你决定"之后再做这件事"。

我们为什么会把事情往后推?

因为我们潜意识中认为"这件事早晚会解决"。

这种"早晚会解决"的心态并非无中生有。它的依据在于人的"视觉效应"。

现在，请你想象，你手里正拿着一个西瓜大的球。你把球向后方扔出去。球脱离你的双手，逐渐滚向远处。在你的视野里，它越来越小，越来越小。

尽管球本身很大，但只要扔出去，它就会在视觉上变小。这种视觉上的缩小效应让大脑误判，只要把事情往后推，就会越来越简单（变成小事）。

把麻烦的事情往后推，相信之后总有办法解决。"我并非不打算做，只是觉得之后再做也无伤大雅，所以才往后推。"

这就是拖延症的形成机制。

运用"机器人法",成为自动完成任务的人

"机器人法"能帮助你从心理层面克服拖延症。

拖延的人遇到事情时,第一反应是判断事情的难易度。如果感到"麻烦""不情愿",就会把事情往后推。这种思维模式限制了你的行动。

有一些训练方法会教人们暗示自己未来会出现积极的情况,从而提升拖延症人群的行动力。

不过,"机器人法"与此不同。

接下来,我将介绍机器人法的四个步骤。

步骤❶ "我是机器人"

告诉自己:我是高性能的机器人。只要按下开关,我就会自动向目标行进……

步骤❷ 明确任务

明确当前你需要处理的事情。

写报告，联系同事、做策划案……确定你现在即刻要完成的工作。

步骤❸ 按下开关

请你想象自己按下了大脑里直奔目标的开关，于是身体不受控制开始执行任务。接着，让身体跟着想象动起来。同时，请你全神贯注地观察自己的行动。

步骤❹ 表扬自己

"哇，机器人竟然这么厉害！真了不起！没有机器人的话，我肯定嫌麻烦，到头来一事无成。机器人真是帮了我大忙！"

请你故意称赞自己的行动。这样一来，你任务完成后也不会感到筋疲力尽。

一开始，你可能会感到些许不自在。不过，只要反复练习，你就能自然而然地运用机器人法。熟能生巧也是人类的伟大机制之一，我们要善于利用这些机制。

此外，在推进写作方面，机器人法也十分管用。

首先，你需要确立写作目的。然后，按下体内的自动开关。随后，大脑就会根据你确立的目的组织出一篇文章，你只需要一股脑地把它输入到电脑里即可。打字时，你不是边思考边写作，而是手不受控制地在帮你完成任务。

不过，使用机器人法的时候，有一点需要注意，即工作途中千万不要思考任何与工作内容无关的事情。

"对了，上次那件事现在进行得怎么样了？""组员的报告怎么还没交？"不要让任何与当前任务不相干的事情分散你的注意力。

或许"（像机器人一样）机械工作"会让你误以为在工作时放空自己。但事实正好相反。

放空自己，意味着你正全神贯注地观察、感受并处理眼前的任务。

许多顶级运动员每天清晨都会运用"机械工作"的训练方法。

他们的评价是："通过机械的行为，我可以充分调动自己的身体，平静内心。"

希望你熟练掌握机器人法，早日告别那个爱拖延的自己。

我的一位客户就完全掌握了机器人法。下面，我简单分享一下他的故事。

首先，他把自己当成机器人，只要按下开关，身体就会开始换衣服，打扫卫生。当他找到机器人的感觉后，进一步将这个方法延伸到回邮件、写报告等工作场景中。

一开始，他感到十分不自在。不过，习惯之后，他不仅能迅速回复邮件，写完报告书，甚至在准备报价单和汇报材料上也彻底克服了拖延症。

后来，他兴奋地对我说："多亏了机器人法，我现在有很多时间，可以静下心来认真考虑重要的事情。"

消灭"怕生"

困扰无数人的"怕生"究竟从何而来

"我不擅长和第一次见面的人聊天"

"我就算想和对方说话，也没办法主动开口"

有上述想法的人应该不在少数。

今天的社会十分注重人脉和交往，导致怕生的人陷入了更深的烦恼。

那么，为什么会有人怕生呢？

很多人其实并不明白其中的道理，单纯以为是自己不够自信，害怕与人接触……

实际上，人之所以怕生，是因为"尊重自己和对方的空间"。

这一点可以在生物学上得到印证。

包括人类在内，所有动物都有自己的 "边界（boundary）"。
这种边界可以细分为以下三种。

❶ 身体边界

身体边界又称为空间边界，在动物界十分常见。所有动物
都会根据物种不同来确定自己至少需要与其他动物保持多远的
距离。

比如，当高角羚等食草动物发现有狮子与自己的距离小到
一定程度时，就会逃跑。由此可知，对这些食草动物而言，狮
子与它们之间存在一定的 "边界"。

同理，人类也有身体边界。在你周围的人当中，有些人你
愿意近距离接触，而有些人你更希望保持一定距离。这种距离
差异就是身体边界的差异。

心理学上，身体边界被称为 "个人空间（personal
space）"。这一概念最早由心理学家萨姆（R.Sommer）提出，
指个体为确保心理安全所需要的与他人最小的空间距离。

❷ 思考边界

每个人都有自己的想法，这就是思考边界。

然而，在人与人沟通时，经常会出现逾越思考边界的情况。

每个人的想法都基于一定的背景条件以及说话人的价值观等因素。

不少人却忽视这一点，随意否定他人的想法，张口就道："你怎么会这么想？""你这个想法好奇怪""你的想法是错的"，或者轻易附和对方，"对对对，我也这么觉得""啊是这样，那看来是我的想法有问题"。这两类人的思考边界都比较模糊。

相反，对他人的观点反应不强烈，或者不表明个人看法的人，通常都具有清晰的思考边界。

❸ 成长边界

所谓成长，指人憧憬、挑战并提升自我的空间。

然而，在教育领域中，我们经常可以看到打破成长边界的行为。

比如，有人遇到问题时，他本应该独自解决问题，取到进步。这时，有人站出来说"你辛苦了""我帮你吧""我直接帮你做了吧""这个应该这么做"，然后施以援手，或者直接把答案告诉对方。这种行为，是对成长边界的侵犯。

人之所以怕生，就是因为重视边界。换言之，怕生的人尊重别人的存在、看法和成长空间。

现在搭话可能会影响到对方；这件事情我没有权力干涉；人人都有自己的考虑；还是要尊重对方的节奏和想法……这才是怕生的人心底真正的顾虑。

同时，怕生的人也会把这些顾虑投射到自己身上。

我不希望有人打乱我的节奏；我想按着自己的想法走……尊重他人的同时也尊重自己，这种想法当然无可厚非。

既然如此，为什么怕生的人还是想改变自己呢？

怕生的人面临的问题关键在于个人界限模糊。因为自己拒绝不了别人，所以总是担惊受怕。

他们害怕对方聊起来毫无顾忌；担心自己不知道该如何回答别人的问题；要是回答的有失偏颇，会遭人厌恶……

出于这些担忧，怕生的人最终选择了与他人保持一定距离。

明明是懂得体贴并尊重别人节奏的人，却因为个人界限模糊，最终陷入恐惧，担心自己的节奏被人打乱。

"五个前提"打破你的外壳，让你不断成长

克服怕生，与更多的人接触，具体应该怎么做？

请记住以下五个前提。

前提❶：与其说我怕生，不如说我尊重他人的节奏。

前提❷：我要打开心门，去开拓自己的世界。

前提❸：别人不会光凭我的言论做选择，他们有能力做出个人判断。

前提❹：**正因为我相信对方的主体性，所以才要说出我的想法。**

前提❺：**不要自我意识过剩。别人没有那么关注我。**

上述五个前提中，你需要特别关注第二条，开拓自己的世界，并不断挑战。

在旁人眼中，怕生的人是温柔的，懂得尊重别人的节奏。温柔是你的闪光点，但有时候也要突破自己，拓展自己的世界观。

以上便是本章所有内容。我们列举了 5 种常见的问题，从心理层面对其形成机制逐一进行了自我剖析，并提供了相应的解决方法。

不过，你可能并不满足于此。你或许希望进一步改变自己，突破自己。

下一章，我将告诉你如何实现彻底的转变，活出真正的自己。

总结

- 容易嫉妒的人通常把"能力"当成评判标准。

  →努力不是为了得到别人的称赞，而是做好自己的本分。

- 自卑的人其实自我评价颇高。

  →成功和失败并不重要，关键是达成目标。

- 优柔寡断的人深信自己害怕承担风险。

  →优柔寡断是因为人一直在追求完美。

- 视觉效应让爱拖延的人把工作往后推。

  →使用机器人法，停止思考，即刻行动。

- 怕生的人认为怕生的原因是对自己没信心，对别人没兴趣。

  →怕生的人是懂得尊重他人节奏的人。

第 **4** 章

练就强大内心，重新掌握
自己的人生

学会"讲故事"，瞬间成为人生的主角

你听过"故事营销"吗？

故事营销是一种企业营销方式，指企业通过具体生动的故事将品牌理念和内涵传递给消费者，从而影响其内心活动的宣传行为。

不过，下面我将介绍的"讲故事"不同于"故事营销"，它的叙述对象并非他人，而是我们自己。

迄今为止，我服务过的企业管理人员及各行各业的精英已有数千人。与他们交流过程中，我发现，不论是优秀的管理人员还是行业里的精英，他们都有意无意地对自己讲自己的故事。

所谓讲故事，就是把自己一路走来遇到的人当成故事中的角色，而自己则是故事的主人公。

讲故事不是把过去当成故事这么简单。我们讲故事，目的是通过自我对话，构建以"我"为核心的故事，改变自己的内心世界。

讲故事给自己听，还可以改变我们所处的环境。原因是，讲故事在影响我们精神世界的同时，还会提升个人魅力，从而影响到旁人的言行。

请你思考下面这个问题。

● **谁的人生会让你肃然起敬？**

答案肯定因人而异。有人崇拜松下幸之助、稻盛和夫、史蒂夫·乔布斯、杰夫·贝索斯等商界成功人士，有人敬仰吉田松阴、坂本龙马、织田信长等在历史上留下伟业的政治家，也有人对电影《星球大战》或动画《鬼灭之刃》中的角色心生向往。

请你再思考下一个问题。

- 你会对自己的人生感到骄傲吗？

我相信很多人的回答是否定的。

我不过是一个平凡的人，未曾创下任何丰功伟业。况且，以自己为傲未免有些自负。

然而，懂得对自己讲故事的成功人士每每谈到自己的人生时都会肃然起敬。以自己为傲并非狂妄自大，而是燃烧自己照亮他人的方法。

使你无法对人生感到骄傲的"3 种思维模式"

我的人生没什么值得骄傲的地方……你觉得自己的人生稀

松平常，背后有明确的原因。

难道是因为人生平凡得不值一提？还是因为我没有动人事迹？

都不是。我们觉得自己的经历不值一提，问题根源在于思维方式。

思维方式❶：自我否定

"我这个人一事无成。"

"没有一技之长。"

"我看不到自己的变化和成长。"

"整天无所事事。彻底厌倦了这种无聊的生活。"

"人前积极向上，背后低落消沉。"

思维方式❷：不完全燃烧

"我在普通人当中，过得算中等偏上。日子马马虎虎过得去。"

"我总觉得生活缺少了激情。"

"抱着试一试的心态做了许多挑战，却始终没找到能让我真正兴奋起来的事情。"

思维方式❸：自我放弃

"我没什么要求，差不多就行了。"

"我又不是大人物，也没好好努力。"

"我其实也努力过，但和脚踏实地的人比起来简直不值一提。"

自我否定、不完全燃烧和自我放弃思维的存在，让人很难为自己的人生感到骄傲。

那么，我们为什么会否定自己的过往？

"消极偏见"是一个社会心理学概念，指与正面刺激相比，人对负面刺激更为敏感，会把更多的注意力放在自己不愿看到的信息上。

例如，试卷发下来后，有的学生会先关注自己的失分点，这种现象就是消极偏见。

无法为自己的人生感到骄傲的人通常都有明显的消极偏见。

消极偏见只要存在，我们就永远无法充分燃烧自己，成为有影响力的人。要根除消极偏见，我们要学会以自己的人生为傲，对自己讲故事，做人生的主人公。

那什么是"以自己的人生为傲"？

以自己的人生为傲就是赞扬自己的人生历程。回首过去，我们会想起一些情景，一些困境。在当时的处境下，我拼尽了全力，坚持了下来，完成了任务，我真了不起。

你可能心想"我没什么本事，没做过什么了不起的事情。我的人生根本就不值得赞扬。"

请勿如此贬低自己。我们不可以骄傲自大，但也不应该自轻自贱。贬低自己不是谦虚，而是自降身段以逃避挑战。

你的梦想或许是成为有影响力和感染力的人。但只要不改变卑躬屈膝的姿态，梦想就不可能实现。

人脑内有一种神经递质叫"催产素"，又被称为"幸福荷尔蒙"。

据说催产素不仅能让人产生幸福感，还能降低焦虑和恐惧，提高好奇心，提升心脏功能。

促进催产素分泌的一种方式，就是"对自己的人生感到骄傲"。

 我们没有时间活在别人的人生里

下面是我的客户——L社长的故事。

两年前，L就任某住宅建设公司社长，成为公司第三代掌门人。

眼下，公司业绩不见增长，令他十分苦恼。他从入职以来一路凭借自己在为人处世上的天赋创下了傲人的业绩。然而，自从他成为社长后，业绩始终停滞不前。

　　我问他："你以前是怎么创下这么高的业绩的？"

　　他说："也没什么，就是见到客户后，我都很认真地听他们讲话。有时对方会提到自己的经历，他们的故事总是会打动我。当然，我只是单纯受到感动，没有其他想法。然而，奇怪的是，客户看到我的反应后，都愿意和我合作，购买我们公司的产品。不过，几年前开始，订单量就不再增长了。"

　　于是，我接着问道："那么你会被自己的经历打动吗？"

　　听到我的问题，他一脸震惊地对我说："怎么可能！跟我的客户们比起来，我的经历可太平庸了。"

　　我对他说，你必须先肯定自己，为自己的经历感到骄傲，才能进入下一个阶段。

　　L 社长年轻时，听到客户的人生经历便肃然起敬，这种态度在当时是他的优势。因为，一个人如果能被别人的故事打动，自然也懂得体贴别人。这样的人容易引起客户的共鸣。

　　然而，随着地位的提高，这个优势便逐渐消失。

如果你眼前站着一个人，他发自内心觉得自己的人生平庸无味，那么你愿意相信这个人，把重要的工作交给他，甚至与他深交吗？

想要得到别人发自内心的信任，就要有十足的自信，要昂首挺胸地活着。换句话说，就是要在内心深处"为自己的人生感到骄傲"。

我们应该怎么做，才能成为以自己的人生为傲的人？

"感动思维"赋予你最强大的行动力

提升行动力的第一个关键点就是培养"感动思维"。

什么是感动思维？就是以下面几种方式看待自己的人生经历。

"其实回过头来再想想，在当时的处境下，我已经做得很好了。"

"这么一想，我当时真的非常努力。"

"虽然结果不尽人意，但我起码坚持到了最后呀！"

"旁人可能不知道，我为了集体，努力挺了过来。"

"当时觉得自己要完了，现在看来，不也挺过来了吗？"

"虽然要经验没经验，要成绩没成绩，但还是努力开拓了很多业务。看来我还挺有胆量的。"

上面这些看待人生的方式，都属于感动思维。

下面，让我们实际练习一下。

请你运用感动思维，确定人生故事的三个"主题"。

提问

迄今为止最令你感到骄傲的事情是什么？

请列出三件事。

首先，我要声明一下，请不要通过把自己和别人做比较来寻找"最令自己骄傲的事情"。

请你把注意力集中在自己的人生经历上。通过和别人对比来反观自己，评价自己的人生，这种做法毫无意义。

毕竟，在"人生"这条路上，永远只有"自己"这一位旅人。所以，不要拿自己和别人对比，请你全身心关注自己的人生。

第一

第二

第三

"最令你感到骄傲的三件事"都列好了吗？

只要勤加练习，就可以养成感动思维，并运用自如。

"讲故事六部曲"，帮你夺回人生主导权

❶ 定题：令你感到骄傲的事情是什么？

↓

❷ 情况：你是在什么情况下开始做这件事的？

↓

❸ 矛盾：你开始做这件事前，内心有过哪些挣扎和矛盾？

↓

❹ 行动：在犹豫中，你采取了什么行动？

↓

❺ 感悟：通过这件事情，你对自己产生了什么样的认识？

↓

❻ 称赞：认可自己，被自己的故事感动。

这 6 个步骤也是人生故事的 6 个组成部分。经过这些步骤，

我们就能对自己的人生肃然起敬。

我向上文提到的 L 社长说明了"讲故事六部曲",并让他按照这六个步骤叙述自己的故事。下面,我将通过 L 社长的经历,解释我们该如何以自己的人生为傲。内容或许有些长,希望大家耐心阅读,仔细体会。

❶ 定题

我:"L 社长,请问在工作中,最令你感到骄傲的事情是什么?注意不要拿自己和别人做比较。"

L:"比如,我在之前的公司上班时,负责过一个大项目。途中客户突然要调整方案,而且变化很大。我反复找施工方沟通后,他们终于做出让步,满足了客户的要求。还有一次,我为了拓展业务,在没有预约的情况下登门拜访过六十家公司。"

我:"哪一个经历最令你印象深刻?"

L(害羞):"在前公司当项目负责人的经历。"

我:"好的,下面我将根据这一经历提出四个问题。"

L:"好。"

❷ 处境

我："请你回忆当时的情况。你是在什么'处境'下开始做这件事情的？你的处境是很艰难，非做不可，与个人意愿无关？还是说你很愉快地接受了这项任务？"

L："老实说，当时的处境用'举步维艰'这个词来形容都不为过……"

经过上面的铺垫，L 社长告诉我，他当时的处境如下。

● 这是一个和老品牌优秀企业合作的重点项目。

● 对方公司指名他担任项目负责人。

● 项目必定会牵扯到其他部门的领导，这些人不论是职位还是年龄均在他之上。

● 项目只能成功不能失败。

……由此可见，他的处境的确十分艰难。

❸ 矛盾

我："在实施项目过程中，你的内心有没有过'矛盾'？比方说，你有没有遇到困难？遇到不讲理的人？或者有什么做得不够好的地方？"

L（回忆当时的情形）："当然有。我本来只是公司里的小职员，却要我指挥领导。所以，其他部门领导自然不把我的话当回事，也不按我说的做。我也理解，他们也有很多工作要忙，不能为了我的项目而耽误自己的事情。但是，我的指挥也是业务命令，他们应该完成的。"

我："也就是说，其他部门的领导不积极配合你的工作。"

L："另外，我还希望董事会能对那些领导严厉一点。说实话，当时我心里一直觉得，明明是董事会管理水平低，凭什么要我来替他们善后……"

我："你觉得自己的工作是替别人善后。"

L："但是，我又没办法把这些话直接说出来。而且，项目一旦失败，就会让公司失去合作伙伴的信任……"

④ 行动

我："在这样的矛盾中，你采取了什么'行动'？"

L："首先，我求助了一位我很信任的前辈，他在别的公司工作。他对我说了这么一句话：'你周围的一切情况都是你工作的条件！'"

我："听到这句话，你有什么想法？"

L："我一开始觉得不可理喻，仿佛这一切都是我个人的问题。当然这些都是我的心里话，没有说出来。接着，他又说：'不论处境是好是坏，都只是工作的条件。在这些条件下，怎么完成任务，才是你要关注的事情。'"

我："你是怎么想的？"

L："我想起了我的儿子。我儿子当时上小学四年级，有一天我们准备去远足，结果下雨了。我看他特别失望，就安慰他说：'下雨也有下雨的快乐'。所以，仔细想想，好像的确是这么一回事。"

我："前辈让你把处境当成条件去接受，于是你想起了自己儿子的故事，认为前辈说得有道理。在那之后，项目取得了什么进展？"

L："找借口也无济于事，所以我开始思考怎么才能做好这个项目，为了让项目成功，我需要创造哪些条件。"

我："然后呢？"

L："我先创造条件，努力让其他部门的领导配合我。比如，在项目过程中，我安排各部门领导和合作伙伴的董事会成员见面；其他部门工作多的时候，我也帮忙分担一点。渐渐地，他们变得愿意配合我，一起推进项目。"

我："也就是说，你站在了领导的立场，有策略地创造条件，让大家愿意配合你。除此之外你还做了什么？"

L："我还找了公司董事，请他们向各部门领导强调这个项目的重要性，并调整工作安排，以便大家配合我推进工作。"

我："结果如何？"

L："我当时真的是殊死一搏，心想'这个项目必须成功'。当我把这种心情传达给董事后，他们也十分配合。"

我："太好了！最终结果如何？"

L："最终完成了目标的 75%。对公司来说，可能只是刚过及格线吧。不过于我而言，是一个相当理想的成绩。"

❺ 启发

我："通过这个项目，公司、集体，还有你自己分别都收获了什么？你有什么启发？"

L："结果超出预期。合作伙伴给予我们很高的评价，表示希望这个项目明年也能持续下去。这对公司来说是有价值的事情，我本人也十分开心。另外，其他部门的领导也肯定了我的努力，虽然他们一开始都不太配合我（笑）。"

我："还有吗？"

L："对了，我还意识到原来我可以主动去影响领导（董事）。在那之前，我都是一味接受命令，从来没想过要和领导进行双向的沟通协商。"

❻ 称赞

我："现在，把你刚刚讲的内容当成一个故事去看，你有什么感想？"

L："我觉得，我尽力了吧。"

我："不，这一步的关键在于把这个故事当成别人的经历来看。"

L："别人的经历……"

我："没错。这个故事与你无关，是别人的经历。那么，你对这个人有什么看法？"

L："那我会觉得，'这个人'太厉害了。尽管一开始处境艰难，但是'他'通过前辈的建议联想到自己的孩子，于是立志要完成任务。之后，'他'力排众难，努力让领导配合自己，甚至主动找董事会商量。我觉得'这个人'太厉害了，特别不容易。这次经历对'他'往后的工作必定大有帮助。"

提高自我评价，彻底改变生活

　　每个人都有过这样的经历，就是处境十分艰难，心中有万分纠葛却无法倾诉，最终还是下定决心，付诸行动。

　　然而，我们通常不把这些经历当回事，觉得它不值一提，不配受人尊敬。

　　可这些经历真的如此平常吗？

　　进退两难，无处可逃，无人可诉，内心充满恐惧和痛苦。

尽管想要逃避，还是坚持到了最后。或许结果称不上完美，或许不值得炫耀，但心里依然觉得，自己勇敢地完成了挑战。

这是属于你的故事，是你与自己相伴而行的故事。这个故事，不用别人来肯定，我们要自己肯定自己，自己称赞自己，这是我们义不容辞的使命。

读到这里，想必聪明的你已经察觉到了我的用意。讲故事给自己听，以自己的人生为傲，目的就是提高自我肯定感，让我们更好地进入下一阶段的训练。

"请不断磨炼自己"

这句话是日本前棒球选手铃木一郎在少年棒球大会"一郎杯"的表彰仪式上送给孩子们的一句话。

"这个时代，严厉的批评教育逐渐消失。能取而代之的，只有我们自己。我们一定要学会自己教育自己。"

正如铃木一郎所言，我们过关斩将，就是在磨炼自己。正因如此，我们要肯定自己的付出，称赞自己的成果。

肯定自己，称赞自己，对自己的人生肃然起敬，逐渐燃起你的热血。

"我做到了很多事情。"

"我克服了许多困难。"

"我比我想象得要努力。"

"就算内心充满矛盾，我也没有停下脚步。"

"……我真厉害。"

这时，你会对自己的过往感到惊讶和兴奋。

保持这种感觉，你会逐渐找到人生的"使命感"。

"我是一个特别顽强的人。"

"我可以做到更好！"

"我可以走得更远！"

"我是不是也有自己的使命呢？"

"我一定有自己的使命的！"

于是，你"点燃了自己"。

　　"点燃自己"是提升"心理韧性（resilience，内心的坚定程度）"的重要手段。另外，提升心理韧性方面，我们还可以借助"元认知"的力量。

　　元认知这一概念最早由心理学家弗拉维尔（J.H.Flavell）提出，指俯瞰自己，从客观视角观察自己的认知能力。近年，脑科学家解开了元认知的运作机制（我在书中加入插图，也是为了帮助大家从元认知的视角俯瞰自己）。

- 从元认知的俯瞰视角把握过去，讲述自己的故事。
- 把失败的经历当成"有价值的东西"。
- 战胜过困难的我们都具有生命力。去感受它，体会它，把这种感觉铭记于心。

　　你可以通过上述练习提高心理韧性。

　　另外，还有一点，请大家务必记住。

　　无法为自己的人生感到骄傲的人，也不可能感动别人，感染别人。

　　为自己的人生感到骄傲，就是在过去的人生中掀起一场范式转移。换句话说，我们在为了更好的明天而改写昨天，为了某个人而改变过往。

有人说，"过去不能改变"。我个人对此无法苟同。

"过去可以改变。"

我一直在反复说下面这段话，不论是对我的客户，还是我自己。

去改变你的过去。

改变你的内心。

改变你的思维。

改变你的行动。

最后，改变未来。

成为充分利用自己的天才必须遵守的"绝对原则"

人生有两条"绝对原则"，所有人都要遵守，无一例外。

❶ 利用"自己"

"我想成为他/她。"你可以有这种想法，但这对你的人生毫无帮助。

❷ 利用"当下"

"我要是出生在那个时代就好了。"可是没有时光穿梭机。

"承宿命，玩命运，活使命"

这句话是东京电力公司董事会主席小林喜光的名言。

人来到世上，并非自己的选择。性别、容貌、才华，皆为"宿命"，除了接受，别无他法。这种接受，即为"承"。人先承受宿命，后开启人生。

　　人生是选择的连续体，仿佛"命运"在推进我们的生命。对待命运，"玩"的心态最好不过。

　　人活着，总需要为后代留下些什么，这便是"活使命"的含义。

　　所谓"充分利用自己的天才"，就是接受"自己"和"当下"这个时代，并将"当下"和"自己"的潜能发挥到极致。

　　成为"充分利用自己的天才"，我们需要先挖掘出"自己的优点"。下面，我将告诉你如何找到自己的优点。

　　你的"优点"是什么，取决于你从什么角度挖掘自己。

　　当我们攀登富士山时，从山的东边出发和西边出发，过程是不一样的，但是我们都会在山顶相会。

　　然而，当我们寻宝时，对宝藏的认识不同，就会得到不同的结果。

许多人把"优点"当成"自己比别人做得好的事情"。

当被人问道"你有什么优点"时，很多人便开始拿自己和别人做比较，企图找出自己比别人优秀的地方。

然而，通过这种方式得到的"优点"并非真正的优点。

因为，如果我们把优点理解为"比别人优秀的地方"，那么，我们不过是在这个"优点"上比自己所在集体中的人做得好一些罢了。一旦我们跳出当前的集体，进入更广阔的世界，必将遇到比自己更优秀的人。

举个例子，一个参加过市级比赛的运动员说"我擅长×××"。然而，一旦他/她参加省级比赛甚至全国大赛，这个优点很可能荡然无存。

既然"优点"不是比别人优秀的地方，那是什么呢？

真正的优点是一种能力，是你在毫无负担的状态下"一不小心"就能做到的事情。

如果你在无意识状态下不费吹灰之力就能做到某件事，

或者开始做某件事情对你来说很轻松，那么这才是你真正的优点。

我有一位女性客户，她经营着二十多家儿童福利院。

她总说："我特别不擅长写报告。就算给我两小时，我也什么都写不出来。与其让我写报告，不如让我多开一家福利院。"

这个例子或许比较极端，但它很好地体现出优点和缺点的含义。

请你找到自己毫不费力就能做到的事情，把这种能力当成自己的"优点"。

你可能觉得，没有什么事情是我能轻松做到的。没关系。下面，我将教你如何找到自己不为人知的优点。

通过"不耐烦"找到"优点"

"什么事情让你感到不耐烦？"

找到个人优点，有一个行之有效的方法，就是找到让你感到不耐烦的事情。这个方法看起来十分简单，但可以帮你准确找到自己的优点。

身边的人做什么事情时会让你产生"不耐烦"的情绪？

或者，在什么情况下，你会抱怨别人"怎么连这么简单的事情都做不好？"

如果你对旁人的所作所为感到不耐烦，说明这件事情对你来说简直是小菜一碟。因为你做起来毫不费力，所以当看到有人在这件事上一筹莫展，你会感到急躁，心想"怎么连这种事情都做不好……"

下面，请列出让你不耐烦的事情。

- 员工说话没有条理
  - →我擅长把握全局

- 员工工位乱七八糟
  - →我擅长有条不紊地推进工作

- 出门前收拾东西磨磨蹭蹭
  - →我富有前瞻性，行动迅速

- 被新闻舆论牵着鼻子走
  - →我善于独自找到信息的来源

- 公交车上不给老年人让座
  - →我善于体察别人的辛苦

　　你之所以会不耐烦，是因为你在某方面天赋异禀。像上面的例子一样，列出让你感到不耐烦的事情，找到自己不为人知的优点吧。

另外，你有时会给旁人带去过多的压力。这也是因为你没有意识到自己在这方面的天赋。

请你静下心来，问自己：
什么事情让你感到不耐烦？

"毫不费力的事情"即为你的优点

找到个人优点，还有一个方法。

"你可以毫不费力地完成什么事情？"

这件事未必是你喜欢做的事情。
长时间倾听别人说话，看过的漫画内容过目不忘……别人一筹莫展，你却毫不费力地做完了，那么这就是你的优点。

如果你还是没有头绪，不妨回忆一下，有什么事情，别人夸你很厉害，而你却觉得不值一提？

所有你觉得"毫不费力"的事情，都是你的"优点"。

我们在观察别人时，能够清晰地看到对方的长处。

而反观自己时，我们往往很难找到自己究竟擅长什么。

究其原因，是因为我们在自己擅长的事情上从来都不用费力，总能轻而易举地完成，所以我们才不自知。因此，我们需要找到对自己而言"毫不费力"的事情。

成功找到自己的优点后，请充分利用它，帮助自己迎接更多的挑战。

下一章，我们将开始学习"最强内心锻炼术"，迈上人生新台阶。

总结

- 只有以自己的人生为傲的人才能燃烧自己，影响他人。

- 一个人如果无法为自己的人生感到骄傲，就很难感染别人。

- 每个人都经历过困境，那种痛苦只有自己才能理解。

- 以自己的经历为傲，可以帮助我们提升自我肯定感。

- 对个人经历的骄傲，会赋予我们对人生的使命感。

- 你之所以焦虑，是因为那是你的"优点"。

- 轻而易举甚至"毫不费力"就能做到的事情就是你的"优点"。

第 5 章

化焦虑为觉悟，活出真正的自我

"4 个问答"找到真实的自己

"我想改变自己。"

"我想成为理想中的自己。"

"我想卸下虚伪的外壳。"

"我想摆脱焦虑，活出真正的自己。"

如果你也有类似的想法，请你完成下面的任务。

首先，请准备好纸和笔。

开始

请在纸上列出你希望改变的三个现状。

比如

● **现状❶ 满脑子都是工作**

- **现状❷** 过度饮酒
- **现状❸** 前途未知，每天都活在焦虑里

这些现状，既可以是上一章中提到的烦恼，也可以是好吃懒做，与父母关系不和等。

无论是柴米油盐的小事，还是关乎人生的大事，只要是你的烦恼，就可以写下来。

三个渴望改变的现状，写完了吗？

那么我们进入下一步，请回答我的问题。

问题①

"发生了什么事情？"（行动）

请针对某一个现状，写出你具体做了什么事情。

举个例子，假设你希望改变的现状是"过度饮酒"，那么你的行为可能是

- 平时不需要喝酒的时候也忍不住喝酒

- 喝多了，第二天不能照常工作

- 晚上熬夜加班

上面三点就是你想要改变的地方。

写完具体情况后，请回答下面的问题。

问题②

"你有什么感受？"（状态）

感受指的是你身体内部的状态。

- 头昏脑涨

- 腹胀，胃部难受

问题③

"你想怎么做？"（行动）

既然你对目前的行为感到不满，那么你觉得自己应该怎么做？请列出你期望的做法。

我们还是用"过度饮酒"的情况举例。

- **我希望我能控制好喝酒的量**

- **我希望晚上能运动一下，晚上 11 点准时睡觉**

- **我喜欢读书，希望把更多的时间花在读书上**

……

写出期望做法的同时，请在脑海里想象自己正在做这些事情的画面。

问题④

> "你如果做到了，会有什么感受？"（状态）

要是你做到了自己应做的，你会有什么感受？

头脑清醒，心情舒畅……请尽情想象你的身心状态。

请你分别基于自己希望改变的三个现状，写出这四个问题的答案。

理想的我

问题3：
我想怎么做？（行动）

问题4：我如果做到了，
会有什么感受？（状态）

只有真正想喝酒的时候才喝酒

头脑清醒

做做拉伸，晚上11点睡觉

心情舒畅

工作是本分，要认真对待

消化正常

示例 我——秋山眼中的理想的自己

请你仿照这张图，在下一页中写出理想的自己。

理想的我

问题 3：我想怎么做？
　　　　（行动）

问题 4：我如果做到了，
会有什么感受？（状态）

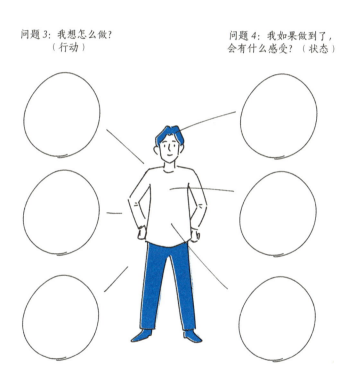

利用"理想的自己"实现自我提升

恭喜你，完成了上一个任务，找到了心目中理想的自己（接下来的任务中，我们要用"理想的自己"来完成）。

注意，重点来了。我们应该如何利用"理想的自己"来改变自己？

一个人如果善于利用理想的自己，就能拓宽自己的可能性，改变自己。相反，如果不能借助理想的自己，会葬送自己的无限可能性，在时间的洪流中一成不变。

在利用理想的自己上，多数成功人士都是无师自通。

此时，你的内心或许充满了疑惑。善于利用"理想的自己"是什么意思？

下面，我们就来看看，如何利用理想的自己。

"虚假自体"建立的"3F 反应模式"

通过第 1 章我们知道了，当前途未知时，人会对未来感到消极，产生焦虑情绪。这种情绪通过人体机制引起生理反应。

现在，你已经找到了自己想成为的人，也就是你方才构建的"理想的自己"。

然而，当下的自己与理想的自己之间存在巨大的差异。于是，我们自然会怀疑自己，产生无助感、羞耻感。

相应地，我们的身体也会出现变化，陷入紧张的状态。

一旦这种紧张上升到精神层面，就会引起行为心理学中的"战斗、逃跑、僵化（Fight、Flight、Freeze）"反应，简称"3F 反应"。

战斗（Fight）：将问题归咎于自身或者他人，比如"当下的自己不是理想的自己！我怎么回事！""我成为不了理想的自己，都是因为他 / 她的存在！"，等等。

逃跑（Flight）：放弃理想的自己，比如"受不了了！我不干了！"

僵化（Freeze）：停止思考。

此时，"理想的自己"站在你的对立面，与你为敌。

接下来，你的内心出现了巨大的空洞，感觉自己一无是处，无比空虚。由此，你成功地构建起了本书第 2 章提到的"虚假自体"。

这种"自我对抗"的行为，在大多数人身上都能看到。我在过去 20 年里，一边跟自己对抗，一边苦苦挣扎。

上述情况，属于利用理想的自己的失败案例。

好不容易找到了理想的自己，却让它成了自己的对手。

那么，如何才叫成功利用理想的自己？

就是让"当下的自己"与"理想的自己"结伴而行。

进一步说，就是让理想的自己成为自己的良师益友，鼓励现在的自己。

在此之前，你可能一直与理想的自己为敌，终日以虚假的面目活着。没有关系，今后请你放下过去的自己，与理想的自己这位良师益友结伴而行，不断提升自己。

只有理想的自己，才能改变当下的自己，彻底发挥你的潜能。

有人说："和幸运的人在一起也会变得幸运，和注意力集中的人一起工作也会变成注意力集中的人。"

人类有一种被称为"镜像神经元"的神经细胞。这些神经细胞会对别人的语言或动作做出反应并模仿，就像你自己在行动一样。

我认为，镜像神经元的功能同样可以作用于"理想的自己"。

也就是说，将理想的自己作为良师益友，与它结伴而行，镜像神经元就会把理想自我的行为复制到你身上。

"最强四步法"创造人生的最大可能

要想充分激发自己的潜能，让人生拥有最大的可能性，活出真正的自己，我们需要经过下述四个步骤。

步骤 1，1 是蓝色数标

步骤 2，2 是蓝色数标

步骤 3，3 是蓝色数标

步骤 4，4 是蓝色数标

上述四个步骤，即为创造人生最大可能的"最强四步法"。

自信、勇气和觉悟是人类具有的三种能量类型。先找到自信，然后拿出勇气，最后达到觉悟。不过在此之前，我们必须将焦虑的情绪转化为平静的心态。因此，最终到达觉悟需经历四个阶段。

在这四个阶段中，为了锻炼你的内心，请与你的良师益友——"理想的自己"结伴前行。

实不相瞒，我本人也一直在运用这套内心锻炼术。

我先抚平焦虑，重拾内心的平静，然后建立自信，坚定信念，达到觉悟，最终才有了通过本书与你交流的我。

别看我此时滔滔不绝，当我遇到困难时，也会对未来感到迷茫，对现实感到不安。每当这时，我都会运用上面的四步法，化焦虑为觉悟。

拥有觉悟的人有何共通点

达到放松状态后，我们的目标就是"觉悟"。

有觉悟的人是什么样的人？

我们努力锻炼内心，是为了成为什么样的人？

有觉悟的人，敢于迎接无数的挑战。

无数的挑战，意味着无限的可能性。同时，周围的人也会因为你的挑战而激发出他们自己的可能。

不论是谁，只要亲自实践一下本章的四步法，都可以活出真正的自己。

达到"觉悟"的人，有以下共同点：

- 能够以中立的眼光看待自己
- 坦然接受结果，不逃避现实
- 不论处境如何，都能脚踏实地地前进
- 表里如一，真诚透明
- 不抬高也不贬低自己
- 坚强，能够忍受逆境

这样的人是不是十分了不起？

上面六点中，最关键的是第一条，"能够以中立的眼光看待自己"。能够客观评价自己，才是真正的自尊。

真正的自尊，不会自我吹捧，亦不会自我贬低。不积极，不消极，是达到"零点"的内心状态。

真正的自尊，会给我们勇气，带我们直面人生，面对接踵而至的挑战。

在第 2 章里，我们认识了"虚假自体"。虚假自体的人，内心充满各种渴望，渴望得到别人的认可，渴望证明自己的能力，渴望隐藏自己的普通以及无用之处……

不过，只要拥有觉悟，我们就会拥有强大的自尊。

拥有自尊，我们不必迎合他人，无须掩盖弱点。活成真实的自己，活出真正的自己。

此刻的你是不是仍在怀疑："我真的能做到吗？"

放心！

别忘了，你还有"理想的自己"，它可是你最好的人生导师。

化焦虑，为觉悟……

与"理想的自己"结伴，开始你的挑战吧！

在开始挑战之前，请准备好两只不同颜色的笔，颜色没有规定。

每个阶段，"理想的自己"都会向"当下的自己"提问。请你用不同颜色的笔分别记录下每个阶段的提问和回答。

好了，下面我们正式开始与"理想的自己"对话。

 化焦虑为觉悟 内心锻炼术

第 1 步 化焦虑为平静

当你对未来感到隐隐的不安，被压力裹挟时，内心自然会感到无助，对前途感到迷茫，为无人倾听理解你的心声而感到痛苦。

请你放轻松。你的人生导师——"理想的自己"，会感受你的内心，与你共鸣。

自己和自己共鸣？此刻，你或许一头雾水。不过，只要你亲自尝试，感受一下这个方法，马上就能心领神会。

自己和自己共鸣，关键在于自己提问，自己回答。不同于普通的自问自答，此处是"理想的你"提问，"当下的你"回答。

请当下的你，坦诚道出过去未曾表露的心声。

你的人生导师——"理想的自己"，将理解你的内心，与你产生共鸣。

你将通过这种方式，与内心深处的自己进行对话。准备好了吗？让我们开始吧！

主题 1

应付了事 / 半途而废（感到自责）

首先，让我们关注你在潜意识里责备自己的事情。

理想的自己将向你提问，理解你，与你产生共鸣。

鉴于这是你第一次尝试共鸣，下面我会以自己的回答为例，展示具体的问答方法。

理想的自己提问①

"你曾经在什么事情上应付了事 / 半途而废？"（结果）

当下的自己

我读高中的时候，加入了网球社。在高三最后一次团体赛的半决赛中，我没能上场。当时有四个上场的名额，而我正好排在第五，错失了参加高中三年最后一场比赛的机会。所以，比赛的时候，我没有发自内心地为我们队加油。

接下来，请理想的你在心里对这个回答进行反省（自省，再次关注自己）。

理想的自己

秋山，你上高中时，没能参加最后一场团体赛，所以你在半决赛的时候没有发自内心地为团队加油。

理想的自己提问②

"你当时做了什么？没有做什么？"（行动）

当下的自己

我很失落地看完了比赛，没有发自内心地为他们加油。

理想的自己

你很失落地看完了比赛。没有发自内心地为他们加油。

理想的自己提问③

"你为什么逃避（应付了事 / 半途而废）？"（想法）

当下的自己

没上场，我不甘心。我觉得自己好惨，好羞愧。我光顾着想自己的事情了。

理想的自己

是这样啊。你很不甘心，觉得自己很惨，感到羞愧。你光顾着想自己的事情了。

理想的自己只会接纳事实，注意不要出现任何自我攻击的语言。

理想的自己提问④

"你本来想怎么做？"（想法）

当下的自己

我觉得是因为我练习得不够才没能上场。

当时要是勤加练习就好了。

理想的自己

> 此时，理想的自己需要重复一次问题。
> "是吗？你真的是这么想的吗？"

要问问自己，这是不是真的。

当下的自己

> 呃……不，我其实想发自内心地给大家加油。

通过二次提问，我们就能找到自己的真实想法。

理想的自己提问⑤

> "如果你当时做了回答④，会有什么感受？"（状态）

在我的例子中，这个问题相当于"如果你当时发自内心的给大家加油了，心情如何？"

主题：半途而废的事情

Q1. 你有什么半途而废的经历？

我在高中网球社期间，没拿到最后一场团体赛的上场资格。比赛时，没有发自内心地为队伍加油。

Q2. 你做了什么？没有做什么？

我失落地看完了比赛，没有发自内心地为他们加油。

Q3. 你为什么逃避（半途而废）？

没上场，我不甘心。我觉得自己好惨……我好羞愧……我光顾着想自己的事情……

（哭）

Q4. 你本来想怎么做？

我要是勤加练习就好了……

（这是你的真实想法吗？）

其实，我希望自己可以发自内心地为大家
加油。我想和大家一起加油！

Q5. 如果你当时这么做了，心情如何？

我会感到和大家融为一体。我把自己想说
的都说出来了。

你本想发自内心地为队伍加油，和大
家融为一体。你想把自己的真实感受
都表达出来。

当下的自己

> 我觉得自己和大家融为一体了。我说出了自己的心声。

下面，请理想的自己用下面的方式回应当下的自己。

理想的自己

> 我明白了，你希望自己通过问题④（我的例子是发自内心地为大家加油）的行为，从而获得问题⑤（与大家融为一体，说出自己的心声）的感受。

找到感觉了吗？

试着用自己的故事，回答理想的自己。

对话结束前，请理想的自己用"你希望做××（回答④），从而达到××（回答⑤）"的方式回应当下的自己。

结束后，请你稍候片刻，去体会并接纳内心的感受。

完成主题 1 后，我们进入下一个主题。

主题 2

怪别人不理解自己

在主题 2，我们将焦点放在责备他人的事情，而非自己。

具体过程和主题 1 一样，理想的自己提出问题，当下的自己回答问题，然后理想的自己对当下的自己表示理解，与其产生共鸣。

理想的自己提问①

"在什么事情上，你曾怪别人不理解自己？"（结果）

理想的自己提问②

"你当时做了什么？没有做什么？"（行动）

理想的自己提问③

"你想要对方理解什么？"（想法）

理想的自己提问④

> "你希望对方怎么做？"（行动）

理想的自己提问⑤

> "如果对方做了回答④，你会有什么感受？"（状态）

注意，在主题 2 中，问题③和问题④的内容与主题 1 不同。请说出你想要对方理解的地方，以及希望对方做什么。

对话完成了吗？

通过与理想的自己对话，想必你已经逐渐找到了化焦虑为平静的诀窍。

对于过去，我们心里都有矛盾和遗憾，都会想"我要是说出来就好了""我要是这么做就好了"。理想的自己会温柔地抚平我们的矛盾，给我们带来内心的平静。

第 2 步 化平静为自信

有人鼓励别人时会说"你的焦虑我能理解。不过，你要拿出自信！"

然而，这其实有违常理。

人在焦虑时，是不可能找到自信的。
只有消除焦虑，内心平静下来后，自信才可能产生。

什么是"自信"？
什么是"没有自信"？
没有自信，说白了就是没有根基。

比如，我以前过于在乎成就和能力，所以总是在推着自己往前走。

能力和成就固然重要。但是，当我们把全部注意力都集中在这二者上面时，就会失去根基。毕竟，人外有人，山外有山，我们引以为傲的能力和成就，总有一天会被别人比下去。

而我们也会陷入和别人比较的困境。

那么，我们该以什么为根基，从而建立自信呢？

答案是我们的"价值观"。

我们的根基，不是能力，不是成就，而是价值观。

要找到价值观，就要进行自我对话。自我对话中，理想的自己会从你的回答中提炼出你的价值观。以价值观为基础，在平静的内心上建立自信。

────── 主题 3

没有心满意足，但已尽力

你的回答可以是学生时代的事情，也可以是工作后的事情。如果你在这两个阶段都有符合条件的经历，不妨都记下来，效果会更好。同样，我还是以自己的故事举例，帮助大家熟悉对话过程。

理想的自己提问①

　　"什么事情让你觉得'我没有心满意足，但已经尽力了'？"（结果）

当下的自己

　　我刚进公司没多久，就参与了一个大项目。这个项目是上司和我一起负责的，我的上司是业界翘楚，当时没少批评我，说了很多刻薄的话。

　　不过，我还是努力完成了项目。

理想的自己

　　你刚进公司的时候就参与了一个大项目。你和业界翘楚的上司一起完成了项目。

理想的自己提问②

　　"你当时做了什么努力？"（行动）

当下的自己

> 就算被批评，我也不气馁。我安静地观察他。他怎么说，我就怎么做。

理想的自己

> 你观察上司。他怎么说，你就怎么做。

理想的自己提问③

> "你是基于什么想法而做了回答②？"（想法）

当下的自己

> 我想吸收他身上的所有优点，同时最大程度释放自己的潜能。
>
> 因此，哪怕他生气，我也不还击，只跟着他前进。

理想的自己

> 你想尽可能地吸收他的优点，释放出自己最大的潜能。

理想的自己提问④

"你对什么的重视驱使你做了回答③？"（价值观）

当下的自己

是因为我在乎自己的可能性？或者，我想要进一步锤炼自己？又或者是因为上进心和好奇心的驱使？

这里，请理想的自己用下面的方式回应当下的自己。

理想的自己

你在乎可能性、自我锤炼、上进心、好奇心，所以才拼尽了全力。

由此，你的人生导师（理想的自己）找到了你的价值观。请你认真体会此刻的感受，把它铭记于心。

在能力和成就之下，存在更深层次的东西。那便是你的根基，是你的自信之源。

第 3 步 化自信为勇气

我们处于人生困境中的时候，都会拿出勇气。

然而令人意外的是，人很容易忘记自己经历过的困难，也很少记得过去那个直面困难的自己。

我们忘记了那个勇敢直面困难的自己，觉得自己的经历稀松平常，难以和别人相提并论。正因如此，我们才没有勇气。

如果你是从头开始看这本书的话，我相信你一定知道，人是自我欺骗的天才。

因此，只要我们能想起自己克服困难的经历，就可以找回勇气。这就是第 3 步的任务。

正式开始任务之前，有一件事情需要你引起注意——"突破"。

什么是突破？我们从进入困境到迈出困境，期间一定会经历思想上的转变。你可能发现了新的问题，或者意识到了自己的错误，于是旧的想法崩塌，重建。这个过程即为"突破"。

在第 3 步，我们与理想的自己对话的关键，就是找到突破出现的瞬间。

主题 4

克服困难，取得成果

与主题 3 一样，你既可以回答学生时代的经历，也可以选择工作后的经历。同时举出两个阶段的经历，效果会更好。

下面，我将引用上一章中"L 社长"的故事来做示范。

理想的自己提问①

"你在什么事情中克服了困难并取得了成果？"（结果）

当下的自己

我负责过公司的一个大项目，一定程度上得到了公司的认可。

理想的自己

你负责公司的大项目，一定程度上得到了认可。

理想的自己提问②

> "你遇到了什么困难?"

当下的自己

> 参与项目的其他部门领导不配和我。而且,他们的职位都比我高,我不能太苛责他们。
>
> 不仅如此,董事会成员说"项目一旦失败,会给公司造成很大影响",给我带来了很大压力。

理想的自己

> 领导不配合你,而且职位比你高,所以你不能苛责他们。
>
> 董事会成员说,"项目失败的话,会给公司造成很大影响",让你感到很大压力。

理想的自己提问③

> "你采取了什么行动?"(行动)

当下的自己

我找了一位我很尊敬的前辈谈心，向他抱怨我的处境有多么艰难。之后，我开始想办法解决问题，还直接找了公司董事，商量怎么改善现状才能更好地推进项目。

理想的自己

你找前辈谈心，向他抱怨了自己的艰难处境。然后，你开始着手项目，并直接找董事商量怎么改善现状。

理想的自己提问④

"你打破了什么想法，才做出了上述行动？"（突破）

当下的自己

我打破了"固化的思维"吧。和前辈聊天时，他边笑边说："领导不帮你，项目很困难，这些都只是'条件'而已。"在那之前，我一直把问题当成麻烦和障碍，觉得自己运气差。听完这番话，我意识到这些问题不过是条件而已。

理想的自己

你打破了"固化的思维"。

理想的自己提问⑤

"通过这件事情,你有什么成长?"(成长点)

当下的自己

这个世界上,只存在目标、条件和我。目标是前进的方向。条件有很多,工作也好,天气也罢,其实都是条件。最后,就是我。这个世界仅由三个要素组成,就是这么简单。

理想的自己

你学会了把问题当成条件,因此得到了成长。

听到理想的自己如此评价自己,是不是找回了当时的勇气?希望你可以永远记得这句话,以及此时此刻的心情。

回答问题②"你遇到了什么困难？"时，请仔细写下你的困境。不要害羞，也不要小瞧自己。只有这样，你才能深刻认识到，自己克服了困难，突破了自我，获得了成长。

我们走出困境后，思想必然发生了转变。请认真回忆你的转变，直面自己的内心，找回失去的勇气。

读到这里，聪明的你或许已经有所察觉。

化自信为勇气，这个过程相当于上一章中"学会为自己的人生感到骄傲"。

这一节的自我对话，其实就是把自己的故事讲给自己听。

人如果以自己的人生为傲，就能找回失去的勇气。

第 4 步 化勇气为觉悟

你终于走到了最后一步。

此时，你已经拥有了勇气，马上就要开启寻找人生觉悟的旅程。

接下来的训练方法与前面稍微有些不同。

主题 5

真正的我

理想的自己提问①

　　"我们回到'价值观'的话题。你的'价值观'是什么？请你回忆下前面的回答，凭直觉从下面的单词中选出十个词语。"

　　探索／冒险／主角／空间／参与／本质／潮流／接受／自由／创造／魅力／和谐／相互关系／无忧无虑／钻研／上进心／前进／诚实／活力／自立／掌控／故事／延伸／进步／发展／惊喜／未知／公平／联系／隐藏／勇气／挑战／竞争／顺利／奉献／治愈／和谐／集体感／信任／体贴／慷慨／质量／真诚／幽默／原创／个性／独特性／成长／研究／变化／创新／利益／平衡／简单／情趣／美丽／华丽／控制／权力／掌握／安全／稳定／传统／准确／精确／礼貌／惊讶／大胆／独立／自律／主动／表达／聪明／智慧／自我表达

当然，你也可以选择上面未提到的词。

我们在第 2 步"化平静为自信"中已经讨论过价值观。完成第 3 步的训练后，请你现在重新审视这个问题。凭直觉选作选择即可，选项意思相近也没有关系。

我的选择是"钻研、上进心、挑战、冒险、探索、利益、练习、集体感、美、自我表达"。在学过生态学的我看来，"美"指的是"生命之美"。

让我们进入下一个问题。

理想的自己提问②

"请从上述十个词中选出三个你最重视，并希望将其作为价值观的关键词。"

你或许会在此犹豫，但不要着急。请认真思考，这些词语中，哪三个是你一路走来，内心深处一直在乎的东西？

每个人的价值观肯定都不止一个。不过，这些价值观之间存在优先次序。

比如，我最重视的三个价值观是"探索、钻研、美"。正因为我十分在乎这三个要素，所以才会看重"冒险、集体感、自我表达"等。

找到三个关键的价值观，并不意味着要舍弃其他选项。这三个价值观是你的"核心价值观"，是基础，由此延伸出其他的价值观。

理想的自己提问③

"你是一个什么样的人？"

我的回答是：

我做起事来很坚定；我虚心请教别人；我向来坚持自己的想法；我经常责怪自己；我做出了很多改变；我结交了许多人；我收获了成长；我经历了很多次失败；我一直在尝试新事物；我不断挑战自己的极限。

你是一个怎么样的人呢？请至少写出八条回答。

当然，你也可以写消极的内容。不过，任何消极的内容都可以用积极的语言来表达。比如，"我一直有许多烦恼"，可以说"我直面自己的问题"；"我经历了很多失败"，也可以换成"我一直在挑战困难"。

写完后，请你仔细思考，"我为什么是这样的人？"

下面，请记住你的答案，回答最后一个问题。

理想的自己提问④

"通过过去的经历，你培养出了哪些"优点"？请举出三个。"

其实，你的优点就在问题③的回答中。

当然，你也可以参考自己第 4 章的方式，通过"一不小心就做到的事情"和"令你感到不耐烦的事情"找到自己的优点。

我结合自己的回答，得出的优点是"打磨自己的能力""改变自己的能力"和"尝试新事物的能力"。

"我一直在打磨自己""我在不停地改变自己""我不断尝试新事物"……只要加上"能力"这个词，它就是你的优点。

 与最好的自己相遇

核心价值观是你的动力源泉。

个人优点是你千锤百炼锻造出来的武器。

核心价值观加上优点，就是"真正的自己""理想的自己"。

这种兼具动力源泉和武器的状态，即为"觉悟"。

现在的我们，不仅可以充分发挥自己的可能性，敢于迎接无数挑战，而且还具有影响力，能够激发出别人的最大潜能。

现在，让我们重新审视自己构建起的人生导师——"理想的自己"。

你有没有发现，此时兼备核心价值观和优点的自己就是"理想的自己"？

如果你觉得现在的你和理想的你不太一样，这意味着，你找到了"真正"理想的自己。

因为，核心价值观和优点是你通过自我对话挖掘出来的，它反映的是真正的你。

因此，"理想的自己"不是虚无缥缈的幻影。相反，他一直在我们心里。

真正的我

Q4.
武器（优点）

锤炼自己

改变自己

尝试新事物

核心价值观 × 优点
=
真正的你

Q2.
动力（核心价值观）

探索

钻研

美

无法预知未来的
时代

成为他人的勇气

"我希望以真实的自己活着。"

"我想尽情发挥自己的潜能。"

你带着强烈的愿望，直面内心，最后成功找到了真正的自己。

你完成了内心锻炼，拥有了觉悟。在今后的日子里，你该如何使用"真正的自己"？

答案就是这本书的主题——"化焦虑为觉悟"。

这个时代，明天的一切都不得而知，人们心里充满了焦虑。因此，希望你用"真正的自己"给那些活在焦虑里的人带去勇气和力量。

什么人才能给别人带去勇气？

按自己喜欢的方式活着的人或许令人羡慕，但无法给人带来勇气。

勇于以最真实的自己去面对一切困难和挑战，这样的人才足以振奋人心。

2021 年的夏天，残奥会在日本举办。奥运健儿们展现出自己最真实的一面（优点 × 价值观），在赛场上全力以赴。他们的身姿打动了无数人，鼓舞了无数人。

哪怕你觉得自己觉悟不够坚定，也没有关系。

尽管会犹豫，尽管会害怕，还是以真正的自己面对未来。

这才是生活在今天的我们真正需要的生存方式。以这种方式活着的人，才能给别人带来勇气。

锻炼你的觉悟。

不要着急，把握好自己的节奏即可。

锻炼自己的觉悟，既为了自己，也为了他人。

总结

- 很多人正被"理想的自己"攻击。

  → "当下的自己"和"理想的自己"结伴而行。

- 真正的自尊，既不抬高自己，也不贬低自己。

- 化焦虑为平静，需要"理想的自己"理解"当下的
  自己"。

- 放下对能力和成就的执着，以价值观为基础，让自信
  油然而生。

- 回忆起走出逆境的自己，找回内心的勇气。

- "觉悟"指以真正的自己迎接未来的挑战。

- 以真正的自己迎接挑战时，也会给他人带来勇气。

结语

前阵子在家收拾东西时，发现了一本旧笔记本，上面写着"我的缺点"。似乎是年轻时随手写下的感想。

我很好奇，当年的自己都写了些什么。

于是，饶有兴趣地翻开了本子。

内容十分有意思。下面选取部分内容，与各位分享。

（1）没有个性

我没有什么个性……没有突出的优点。心里羡慕着那些突出的人，自己身上却没一个突出的地方。想要成为众人关注的焦点，却讨厌自己出风头。有时故意摆架子，事后想起来真倒胃口。

（2）没有真正热爱的事情

不论做什么事情，一旦成果开始显现，我就无法安于现状，转而开始新的挑战。到头来，我没有一件自己真正喜欢的事情。看到别人热衷于某件事情我就心生嫉妒。有功夫嫉妒别人，还不如去做点什么，什么都行！

（3）不能创造价值的人毫无价值可言

我从小就对自己充满信心，但长大后发现，自己内心深处一直缺乏自信。给别人创造价值……（虽然内容还有很多，但就分享到此吧）。

一直努力寻找着什么，追逐着什么……看完这本笔记，我突然觉得，过去那个充满烦恼的自己，似乎也很可爱。

如果要给当时的我提一些建议，我会和蔼地对他说：

❶ 你在烦恼，是因为你还没有放弃。光凭这一点，就足以表扬自己。

❷ 你似乎过于关心自己。希望你有意识地为了他人而努力。

现在，我进行自我对话时，仍会有意识地如此提醒自己。

愿上述建议对读到此处的读者也有所裨益。

如你所见，我成了高管教练。

我的客户主要是企业经营者，我教他们如何面对自己，从而更有力量地面对工作和人生。

面对自己，就是面对内心的挣扎、挫折、焦虑与失望。

如何面对自己，决定了我们如何面对今后的人生。

直面内心深处的自己，能够让我们对周围的人、我们所处的时代乃至世界上的万事万物都有更深入的认识，实现人生的飞跃。

本书用"虚假自体"表示内心的空虚。

我们在潜意识里拼命争取得到别人的肯定和认可，然而只是为了填补内心的空虚。要想改变这一点，我们必须意识到，当前自己的所作所为，都是在填饱饥饿的心灵。只有这样，我们才能摆脱"虚假自体"，回归"真正的自己"。

然而，愿意直面自己内心的人并不多见。大多数人都蒙起双眼，回避自身的缺点。他们渴望改变的不是自己，而是朋友，领导，乃至整个社会。

不过，你翻开此书，读到了最后，说明你是勇于面对自己的人。

请带着这份自信直面自己，拥抱现实，脚踏实地，书写自己的人生篇章。

如果有一天，你感到焦虑在心中蔓延，要提高警惕，因为这是"虚假自体"卷土重来的前兆。

不过，你无须担心。只要回过头来看看这本书就好。

比起对天发誓从此不再焦虑的人，那些即使深陷焦虑也能再次振作起来的人具有更为强大的内心。

此外，记得锻炼你的"觉悟"，让它茁壮成长。

成为一个勇敢的人，最重要的是迈出第一步，哪怕是一小步。

坚持走下去，你会获得勇气，做真正的自己，拥抱未知的明天。

要知道，这个世界上，还有人渴望看到你摆脱焦虑、获得觉悟的瞬间。

他们是你的故人，你将遇之人。

还有你自己。

秋山乔贤司